Kölsch Kultur

Detlef Rick und Janus Fröhlich

Kölsch Kultur

Detlef Rick und Janus Fröhlich

Neu bearbeitete Ausgabe

EMONS

Über die Autoren:
Detlef Rick, Diplom-Theologe, Stadtführer, Mitveranstalter der Kinder-Stunksitzung, ist ein ausgesprochener Kölsch-Fan. Er hat aus seinem Hobby einen Beruf gemacht und bietet Führungen durch die kölschen Bier- und Brauhäuser sowie durch das Dom Brauereimuseum an. (www.koeln-fuehrungen.de)
Janus Fröhlich, Musikpädagoge, Schlagzeuger in der Band »Höhner«, die mit ihren Hits »Die Karawane zieht weiter« und »Viva Colonia« wochenlang in den deutschen Charts war. Als Wetterhuhn bei RTL und Moderator der Weihnachtssendungen beim WDR ist er weit über die Stadtgrenzen Kölns bekannt. (www.hoehner.com)

Unser spezieller Dank gilt: Theophanu Goettert, Kathi Bücken, Ernst Lüttgau, Rainer Rübhausen, Michael Schneider, Richeza und Tilo Mueller-Weinitschke

Neu bearbeitete Ausgabe des zuletzt 2002 (3. Auflage) im DuMont Verlag erschienenen Titels
Umschlaggestaltung: Groothuis & Consorten, Hamburg
Druck und Weiterverarbeitung:
Grafisches Centrum Cuno, Calbe
Printed in Germany 2005
ISBN 3-89705-377-2

www.emons-verlag.de

Inhalt

KÖLSCH

Vorwort

Ein Kölsch, ein leckeres Kölsch!
Weißer, sahniger Schaum!
Traumtemperatur!
Supersauberes Glas, leicht beschlagen.
Kleine Wassertropfen laufen langsam
am Glas hinunter.
Ich führe es mit Genuss zum Mund.
Der erste Schluck!
Ein unbeschreibliches Gefühl steigt in mir hoch!
Das ist ein **Kölsch!**
Das ist **Kultur!**
Das ist **Kölsch-Kultur!**
Und wie lieblos gehen viele damit um?

Dass die Liebe zur Kölsch-Kultur wieder neu erwacht, dazu möchte dieses Buch beitragen!

Wer kennt das nicht: Du sitzt in einer Kneipe, hast tierischen Durst und freust Dich auf ein leckeres, frisches Kölsch!

Und was stellt einem der Köbes auf den Tisch? Ein fettiges Glas mit abgestandenem, warmem Bier! Ich weigere mich, das Wort Kölsch zu verwenden. Womöglich noch mit Lippenstift! Frechheit! Das muss ich nicht trinken!

Ich rufe den Köbes, zeige auf das ›widderliche‹ Etwas vor mir und sage, ich hätte doch ein Kölsch bestellt; ob er so etwas – ich zeige auf den Fettrand und den Lippenstiftrest – bei seiner Köbes-Ehre denn überhaupt servieren kann?

Wer die kölschen Köbesse kennt, weiß, dass man jetzt angeraunzt wird, von wegen: »Da kann ja jeder kommen«,

und: »Su einer hät m'r hück noch jefählt!« – Und: »Süht Ehr dann nit, wie voll et he es?«

Aber ich lasse nicht locker und versuche ihn an seiner Ehre zu packen: »Ich habe mich auf ein leckeres Kölsch gefreut: mit sahnigem Schaum, wohltemperiert, in einem sauberen Glas! Können Sie mir nicht vielleicht ein schönes hochgezapftes Kölsch mit Schaum – einen Daumen unter dem Eichstrich – bringen?«

Ich hoffe, er erkennt in mir den Kenner und Genießer! Aber ich höre: »Han ich kein Zick für!«

Falsch! – Für Kölsch-Kultur muss immer Zeit sein! Und wenn man sie nicht hat, muss man sie sich nehmen!

Einleitung

Ist Kölsch im Aussterben begriffen?

Der Konsum von Kölsch sinkt. Immer mehr Menschen wenden sich anderen Getränken zu. Ob anderen Biersorten, Cocktails oder Säften. Es soll sogar Menschen geben, die Kölsch mit Cola oder sonst was mixen! Grauenhaft!

Kölsch ist das Getränk, das zu Köln gehört. Kölsch ist das Getränk, das auf leichte Art erfrischt und anregt. Kölsch ist jung und hat Tradition. Kölsch verbindet.

Dieses Buch möchte Ihnen, lieber Leser, Kölsch (noch) näher bringen. Rund ums Kölsch geht es: Kölsch-Geschichte, kölsche Anekdoten, Kölsch-Brauereien.

Und: Einen Kölsch-Test! Denn das hat es so noch nie gegeben! Das ist wahrhaftig einmalig. Wo kann ich ein gepflegtes Kölsch trinken – wo passe ich besser auf? Wir testeten 56 Wirtschaften jeglicher Art:

Brauhäuser, Vorort-Kneipen, Szene-Lokale: ein Paket voll Informationen erwartet Sie.

Gleichzeitig möchten wir dem Kölsch wieder auf die Sprünge helfen. Kölsch ist ein sehr gutes Bier. Es gibt zum Glück viele Marken, die die unterschiedlichsten Geschmacksrichtungen abdecken. Es gibt die herben Kölsch-Marken wie die fruchtigen, die gehaltvollen wie die spritzigen. Was brauchen wir Pils oder Weizenbier?

Ein Kölsch muss gepflegt werden. Nur wer das richtige Gefühl für Kölsch hat, der kann es zapfen, der kann es servieren, der kann es genießen. Brauereien, Wirte und Köbesse, nicht zuletzt die Kölsch-Trinker selbst sind gefragt und in die Pflicht genommen, auf echte Kölsch-Kultur zu achten und darauf zu bestehen. Dann wird es dem Kölsch garantiert besser gehen.

Wir fühlen uns dem Kölsch verpflichtet. Das ist der Grund, dass es dieses Buch gibt.

Wir sagen »Kölsch es kölsch un muss Kölsch blieve!«

Janus Fröhlich

Detlef Rick

Brauen

IST EINE KUNST!

Brauen ist die Kunst, aus einem knochentrockenen Stoff mit Hilfe von Kleinstlebewesen eine leckere, süffige Flüssigkeit herzustellen. Und ich ziehe vor jedem Braumeister den Hut, der es versteht, ein gutes Bier zu brauen. In Deutschland wird Bier nach dem Deutschen Reinheitsgebot gebraut, das bereits im Jahre 1516 von den herzöglichen Brüdern Wilhelm IV. und Ludwig X. von Bayern für ihr Land erlassen wurde. Es dürfen seitdem nur Gerste(nmalz), Hopfen und Wasser verwandt werden. Um diese Zutaten soll es in diesem Kapitel gehen. – Halt! Es fehlt noch die Hefe. Sie darf nicht vergessen werden.

Wie entsteht ein Kölsch?

Der Brauprozess selbst beginnt im Sudhaus. Hier werden die trockensten und die flüssigsten Zutaten – Malz und Wasser – zusammengeführt. Beide müssen von ausgezeichneter Qualität sein. Malz ist gekeimtes, getrocknetes Korn. Ein Korn, sei es Gerste oder Weizen, wird geweicht und zum Keimen gebracht. Der Keimling bahnt

»Grünmalz«

sich seinen Weg, wie auch die Würzelchen. Sind beide so lang wie das Korn selbst, so ist das Grünmalz, wie das Korn nun genannt wird, bereit zum Trocknen, zum Darren. Auf Darren, das sind ganz feine Gitterroste, wird das Grünmalz von unten mit heißer Luft durchblasen, bis es knochentrocken ist und leicht süßlich schmeckt. Die Temperatur beim Darren bestimmt die Farbe des Malzes und somit auch des späteren Bieres. Je höher die Temperatur, desto dunkler das Malz. Das Malz wird in einer Trommel gerubbelt, geputzt und poliert, der Keimling und die Würzelchen fallen ab, auch Teile der Spelzenhülle, und das Braumalz ist fertig. Es kann der Brauerei geliefert werden. Aus ernährungspolitischen Gründen – es gab zu wenig Brotweizen – hat Herzog Wilhelm 1516 nur Gerstenmalz zum Brauen erlaubt. Heutzutage gibt es natürlich Biere, die mit Anteilen von Weizenmalz gebraut werden. Sie verstoßen nicht gegen das Reinheitsgebot.

Herzog Wilhelm IV., der Erfinder des Reinheitsgebotes

Wasser ist der zweite Stoff, der zum Brauen notwendig ist – wie wäre sonst das Bier flüssig. Reines und weiches Brauwasser bringt die Inhaltsstoffe von Malz und Hopfen voll zur Geltung, ohne selbst den Geschmack des Bieres zu beeinflussen. Brauwasser muss rein sein, sehr rein, reiner als das Trinkwasser, das aus Ihrem Wasserhahn fließt. Mittels moderner Wasseraufbereitungsanlagen ist es technisch möglich, dass jedes Wasser Brauwasserqualität erreicht. Egal, ob Wasser aus dem Toten Meer, dem Pazifik, Gletscherwasser aus Ötzital oder Weihwasser aus Maria Laach: Das Wasser muss immer so aufbereitet werden, dass es absolut rein ist. Das will nicht nur der Gesetzgeber so. Die Brauereien selbst achten darauf, dass ihre eigenen Brunnen, ihre eigenen Quellen ohne Verunreinigungen sind. Denn ist das Wasser o.k., ist bereits ein Grundstein für ein gutes Bier gelegt.

Das Malz wird geschrotet und grob gemahlen, das Wasser wird erwärmt. Beides wird dann zusammengeführt und inniglich miteinander vermischt: Es wird eingemaischt. Dies geschieht im Maischbottich. Dann kommt das Ganze in die Maischpfanne. Hier wird der Maische langsam und stetig Wärme zugeführt. Während dieser Zeit geschieht etwas: Im gekeimten Korn sind auf natürlichem Wege Enzyme entstanden, chemische Stoffe, die Stärke in Zucker verwandeln können. Diese werden im Maischbottich geweckt und beginnen ihre Arbeit, die Stärke in Zucker zu zerlegen. Auch alle anderen löslichen Bestandteile gehen im Wasser auf. Es entsteht eine Zucker-Wasser-Lösung, die spätere Würze. Es gibt verschiedene Maischverfahren. Maischbottich und Würzpfanne können in kleineren Brauereien ein und dasselbe Gefäß sein.

Von der Maischpfanne geht nun der Weg der fertigen Maische in den Läuterbottich. Der Läuterbottich ist mit einem Hackwerk ausgestattet, mit dem die Maische aufgelockert werden kann. Die Zucker-Wasser-Lösung wird im Läuterbottich abgeläutert, das heißt gesammelt und in die Würzpfanne gepumpt. Die Maische wird aufgelockert; gleichzeitig wird frisches warmes Wasser zugeführt. Es beginnt quasi ein zweiter, dritter, vierter Läuterprozess. Das Wasser löst so nach und nach alle Bestandteile, die sich in der Maische befinden und zum Brauen benötigt werden. Zurück bleibt der Treber. Dieser wird in ein Silo gepumpt und kann von den Bauern als Viehfutter für die Schweine benutzt werden, die sich dann später als Hämmchen oder Mettbrötchen neben dem leckeren Kölsch auf dem Tisch wiederfinden. Ein kulinarischer Kreislauf.

Der Hopfen *(humulus lupulus)* wird in der Würzpfanne zugegeben. Es wird kaum noch Naturhopfen zum Brauen verwandt, da die im Hopfen enthaltenen ätherischen Öle eine sensible und somit teure Lagerung verlangen. Aus diesem Grund wird vermehrt Hopfenextrakt benutzt, in dem die Aroma- und Wirkstoffe des Hopfens auf schonende Weise gelöst sind. Die Brauerei-Universität Weihenstephan wacht über die Qualität des Hopfenextrakts und gibt eine Gebrauchsanleitung heraus, an der sich der Braumeister orientieren kann, um so speziell sein eigenes Bier zu würzen.

Ist das Malz der Körper des Bieres, so ist der Hopfen die Seele. Er bringt das feine herb-bittere Aroma mit. Er ist für die Haltbarkeit sowie die Schaumbildung des Bieres mitverantwortlich. Er tötet die Keime im Bier ab, wirkt so antiseptisch. Zum Brauen werden nur die weiblichen Dolden der Hopfenpflanzen benötigt; und auch nur die weiblichen Pflanzen werden angebaut. Es besteht tatsächlich eine gesetzliche Pflicht, alle im Hopfenanbaugebiet befindlichen männlichen Hopfenpflanzen zu roden. Es darf zu keiner Befruchtung kommen, da damit eine »Brauwertminderung« eintritt! – Das nenne ich Emanzipation in der Landwirtschaft!

Hopfen, die Seele des Bieres.

Die weiblichen Hopfendolden enthalten die Lupulinkörner, in deren Drüsen sich die Hopfenbitterstoffe, die Hopfenöle und Teile der Gerbstoffe befinden. Diese Mischung von wertvollen Stoffen ist für das Brauen eines guten Bieres wichtig. Der Hopfen ist wie Marihuana ein Cannabisgewächs. Er wird allerdings nicht in der Pfeife geraucht.

Zurück zum Brauprozess. Der Hopfen wird der Würze in der Würzpfanne zugegeben. Das gehopfte Zuckerwasser wird aufgekocht. Dabei lösen sich die Aromastoffe des Hopfens und verbinden sich mit dem Aroma des Malzes. Die immer noch aktiven Enzyme werden zerstört.

Die Würze kann sich so chemisch nicht mehr verändern; sie wird sterilisiert und durch Verdampfung konzentriert. Durch die Hopfengabe und das Aufkochen wird Bier zu einem der reinsten Lebensmittel, die es überhaupt gibt!

Jeder, der sich für Bier interessiert, hat schon den Begriff »Stammwürzegehalt« gehört. Die Stammwürze sind alle in Lösung befindlichen Stoffe aus dem Malz, dem Hopfen und dem Wasser. Sie wird in Prozenten gemessen. Und man kann von dem Gehalt der Stammwürze auf den Alkoholgehalt des Bieres schließen. Der Stammwürzegehalt ist aber nicht nur für den Alkoholgehalt des Bieres wichtig, sondern auch für Vater Staat. Legt er doch nach ihm die Besteuerung des Bieres fest: Je gehaltvoller das Bier, desto mehr verdient er.

Ist die Würze abgekühlt, gelangt sie in den Gärkeller, bei größeren Brauereien in die hohen konisch-zylindrischen Gärtanks. Dort trifft sie auf die Hefe. Und hier entscheidet es sich, ob die Würze zu Bier oder zu leckerem, süffigem Kölsch verarbeitet wird. Denn der Unterschied besteht in der Vergärung. Kölsch ist ein obergäriges Bier, ebenso das dunkle Altbier aus Düsseldorf, die Berliner Weiße und alle Weizenbiere sowie Ale und Bitter im angelsächsischen Sprachraum. Untergärige Biere kennen wir als Pils, Export, Märzen, als Bockbiere sowie als Lager-Biere. Kölsch ist ein obergäriges Bier, das heißt, die Hefe steigt während des Gärprozesses nach oben, bildet Hefeschaum. Die untergärige Hefe sinkt nach unten ab, sie sedimentiert. Ober- und untergärige Hefe sind zwei absolut unterschiedliche Hefestämme, die bei verschiedener Temperatur vergären. Obergäriges Kölsch wird bei Temperaturen von 16–22 Grad innerhalb von 1–2 Tagen vergoren, untergäriges Bier bei 3–6 Grad innerhalb von 4–5 Tagen. Darauf folgt eine Reifezeit, die bei

Untergärig: Die Hefe setzt sich nach unten ab.

obergärigen Bieren ungefähr 14 Tage dauert; untergärige Biere lagern länger: 6–8 Wochen. Aber das Letztere war einmal, da die untergärigen Brauer heute dank moderner Technik genauso schnell sein können wie ihre Kölner Kollegen.

Bierhefe wird erst seit den siebziger Jahren des letzten Jahrhunderts bewusst und wissenschaftlich fundiert benutzt; nämlich seit Louis Pasteur die Bierhefe im Mikroskop entdeckt und deren Nutzen von Emil Christian Hansen voll erforscht wurde. Vorher fand ein mehr oder weniger unkontrollierter Brauprozess statt.

Während der Gärung verarbeiten die Hefebakterien den Malzzucker in Alkohol und Kohlendioxyd, die Kohlensäure. Sie fressen den Zucker quasi auf, und als Dankeschön pinkeln sie den Alkohol aus und machen dazu ein Bäuerchen. Sind so alle verwertbaren Stoffe umgesetzt, wird die Hefe abgezogen. Das, was übrig bleibt, kann man Jungkölsch nennen. Wie jeder junge Spund muss ein gutes Kölsch erst einmal reifen, nicht Jahre, sondern etwa elf Tage. Aber das ist lang genug, und es schmeckt jetzt bereits prima, etwas weicher als Kölsch.

Es gab in Köln einmal den schönen Spruch: »E Kölsch Wieß mit nem Röggelche mit Kies, es dem Kölsche sing Paradies«. Wir wissen alle, was mit dem »Röggelche mit Kies« gemeint ist? Richtig, der Halve Hahn, mit dem man Auswärtige und Neu-Immis so herrlich foppen kann. Kölsch Wieß wird immer noch von einigen Brauereien gebraut und ausgeschenkt, so beim Kölner Verbund das »Kölner Wieß« oder der »Hüchelner Urstoff« in Frechen-Hücheln. Dieses Kölner Weiße enthält noch viele Stoffe, die einer längeren Lagerung entgegenstehen. Eiweißstoffe, Gummistoffe oder Spelzen, die sich noch vom Treber in der Flüssigkeit befinden. Echtes Kölsch ist nun mal ein blankes

Obergärig: Die Hefe steigt nach oben und bildet Hefeschaum.

Bier, das im Glas geschwenkt nur kleine Kohlensäurebläschen entwickelt.

Die Filtration ist die letzte Bearbeitungsstufe. Hier wird mit verschiedenen Methoden Kölsch blank, kristallklar. Dies geschieht in Zentrifugen und in großen Plattenfiltern. In der Filtration wird dem Bier etwas zugegeben. Zum einen Kieselgel, zum anderen Kieselgur. Diese Stoffe gehen – und das ist extrem wichtig – mit dem Bier keine Reaktion ein. Nach dem Reinheitsgebot darf zum Bierbrauen nichts als Malz, Hopfen und Wasser benutzt werden. Ein deutscher Brauer hat es nicht nötig, chemische Mittel zu benutzen, um sein Bier herzustellen oder es haltbar zu machen. Er würde seine eigene Brauerehre aufs Spiel setzen. Kieselgel bindet die Eiweißstoffe, ohne selbst in Lösung zu gehen oder sich zu verändern. Kieselgur ist ein ultrafein gemahlener Kalk, mit einer riesengroßen Oberfläche, in den sich die Trübstoffe förmlich einlagern. Alle Stoffe werden danach herausfiltriert. Das Bier, das Kölsch, ist und bleibt rein! Biere, die nicht nach dem Reinheitsgebot gebraut und in Deutschland verkauft werden, müssen ihre abweichenden Inhaltsstoffe auf dem Etikett anzeigen. Das ist Pflicht. Wer Chemiebier kauft, ist es selber schuld.

Jetzt ist das Kölsch endlich ein Kölsch. Meist sind vom Einmaischen bis zum fertigen Kölsch 15–16 Tage verstrichen. Es kann in Flaschen, in Fässer oder Biertanks für die Gastronomie abgefüllt werden. Aber Hand aufs Herz: Trinken Sie nicht auch am allerliebsten ein frisch gezapftes Kölsch aus dem Pittermännchen, einem dieser kleinen 10-Liter-Fässchen, denen die Schwerkraft das Kölsch aus dem Hahn treibt? Kühl, süffig, lecker: Einfach Kölsch. Na dann, Prost!

Kölsch light, Kölsch frei? Gibt es auch, muss aber nicht sein. Dem Bier wird auf schonende Weise, per Verdampfung oder Osmoseverfahren, der Alkohol entzogen. Es kann aber auch mit einem niedrigeren Stammwürzegehalt gebraut worden sein.

Brauen leicht gemacht

ODER: JEDER IST SEIN EIGENER BRAUMEISTER

Brauen ist eigentlich ganz einfach:
Zutaten

1 Kilo Malz
30 Gramm Hopfenextrakt
1 Krümel Bierhefe
8 Liter Wasser

1. Man nehme ein Kilo bestes Malz und schrote es. Wasser im Topf auf etwa 50°–55° C erwärmen. Das gemahlene Malz mit dem warmen Wasser langsam aber stetig bis 78° C erhitzen.

Nach 20–25 Minuten mit einem Esslöffel eine Probe der Flüssigkeit aus dem Topf in einen weißen Eierbecher füllen. Ein kleiner Tropfen Jod aus der Hausapotheke ist uns bei unserem nun folgenden Test behilflich. Er wird ebenfalls in den Eierbecher geträufelt. Jetzt schauen wir

Ehemalige Wandmalerei in der Severinstraße am Gelände der Brauerei Reissdorf.

Ausschnitt aus der Wandmalerei zum Bierbrauen in der Severinstraße in der Südstadt.

uns den Inhalt des Eierbechers genau an: Ist die Flüssigkeit violett, so muss unser Sud im Topf noch ein wenig ziehen. Ist unsere Flüssigkeit aber durchsichtig, so ist unser erster Produktionsschritt gelungen: Die Malzmehlflüssigkeit hat sich von Stärke in Zucker verwandelt.

2. Wir benötigen ein einfaches feines Sieb und einen zweiten Topf. Topf 2 auf eine vorgeheizte Herdplatte stellen. Das Sieb in den Topf einhängen. Die zuckrige Flüssigkeit aus Topf 1 hineinschütten.

Alle festen Stoffe bleiben in Topf 1. Diese Feststoffe werden wiederum mit etwa 55° C warmem Wasser versetzt. Bitte vorsichtig 1 1/2 Minuten rühren. Die Flüssigkeit von Topf 1 in Topf 2 schütten. Das Sieb nicht vergessen! Diese Prozedur wiederholen Sie 3–4-mal, je nach Gusto.

3. Nun wird der Sud aufgekocht und mit Hopfenextrakt gewürzt. Das Kochen dauert leicht wallend etwa 1–1 1/2 Stunden. Den Hopfenextrakt in zwei gleichen Gaben zu Beginn und zum Ende des Kochens hinzugeben.

Topf 1 ist gereinigt. Die heiße Würze dorthin umschütten. Dadurch wird sie kühler und

gleichzeitig mit Sauerstoff versetzt, den wir für den Gärprozess brauchen. Es ist sinnvoll, die Würze möglichst schnell auf eine Temperatur von etwa 15–20 °C zu kühlen. Bei diesen Temperaturen vergärt die obergärige Hefe ab besten.

Jetzt wollen wir ja wissen, wie stark unser Bier wird. Dafür haben die Braumeister Spindeln, mit denen sich der Stammwürzegehalt bestimmen läßt. 11–14 Prozent Stammwürze ergeben in der Regel einen Volumenalkoholgehalt von 4,7–5,1 Prozent. Die Spindeln gibt es in Spezialgeschäften. Oder Sie nehmen einfach mal Kontakt mit Ihrer Heimatbrauerei auf. Vielleicht hilft man Ihnen dort weiter, ohne direkt eine Konkurrenz zu wittern.

4. Die Bierhefe, in warmem Wasser aufgelöst, unter kräftigem Rühren der Würze hinzugeben. Es dauert ca. 12–24 Stunden, bis der Gärprozess richtig in Schwung kommt. 2–3 Tage dauert die Garung. Den Topf mit einem sauberen Tuch gut abdecken. Der auf der Oberfläche entstehende Hefeschaum muss zwischendurch abgeschöpft werden.

5. Das fertige Bier abfüllen, beispielsweise in Flaschen mit Bügelverschluss; gerade in Köln bietet sich der Siphon an.

6. Jetzt dürfen Sie frohen Herzens genießen. Wohl bekomm's!

Achtung: Eine Garantie für das Gelingen können wir natürlich nicht übernehmen. Sie müssen sich über das Deutsche Biersteuergesetz informieren, nach dem eine gewisse Literzahl Bier steuerfrei gebraut werden darf.

DIE Hefe

Frage: Was haben eine Hebamme und Hefebakterien gemeinsam? Antwort: Beide sind verantwortlich für eine gute Geburt. Die Hebamme hilft der Mutter bei der Geburt des Kindes; die Hefebakterien helfen tatkräftig mit, dass ein leckeres Bier entsteht, das wir mit Freuden genießen wollen, wenn wir die Geburt eines Kindes feiern.

Soweit die Gemeinsamkeit, die sich genau genommen auch im Wortstamm »heb« widerspiegelt. Und es hebt sich tatsächlich beim Kölschbrauen im Gärbottich: die obergärige Hefe, die sich während des Brauens oben als Schaum, als Kräusen absetzt.

Jahrtausendelang wusste niemand, wie das Ganze geschieht. Es wurde wohl von den Brauern festgestellt, dass das Bier am besten in der Umgebung einer Bäckerei gelang, aber der wahre Grund wurde erst im letzten Jahrhundert erforscht. Und wenn ein Bäcker zugleich ein Braumeister war, so war die Garantie für ein gutes Bier recht hoch, da Flughefe den Sud infizieren konnte.

Die Germanen machten ihren Gott Wotan verantwortlich dafür, dass Bier entsteht. Er soll beim Abhusten seiner Spucke den Gärbottich als Spucknapf verwandt haben. Das schlug dem Fass zwar nicht den Boden aus, brachte aber den Sud in Wallung, bis es überlief. Und unter dem Schaum entstand etwas, das gut schmeckte und auch eine ganz interessante Wirkung brachte. Bei den christianisierten Engländern übernahm Gottvater die Rolle des Wotan. Er brachte regelmäßig ein kleines Geschenk, das Gottesgut, »godisgod«, das aus einer ungenießbaren Flüssigkeit schaumloses Ale oder Lager herzustellen verstand. Die Schweizer erinnerten sich der starken Frauen, der Bierhexen. Nicht umsonst sind im Mittelalter viele Hebammen als Hexen verschrieen und ermordet worden. Sie wussten mit Kräutern umzugehen und verfügten über Kenntnisse, die den Männern unheimlich waren. Und gelangen dem Braumeister mehr als drei Sude hintereinander, so stand er mit dem Teufel im Bunde.

1516, als Herzog Wilhelm IV. von Bayern das Reinheitsgebot erließ, kannte man die Bierhefe noch nicht. Er hätte sie in seinen Rohstoffkatalog aufgenommen. Zwar wurde bereits im 17. Jahrhundert neben obergärigem auch untergäriges Bier gebraut, aber nur in Gegenden, in denen eine lange und kalte Gärführung möglich war. Höhlen in Bergen oder tiefe Keller, in denen Eis lange eingelagert werden konnte, waren gute Voraussetzungen zum untergärigen Brauen. Viele Kölner Brauer wählten Mendig in der Eifel als ihren Herstellungsort. Eis wurde damals auch aus der Schweiz bezogen.

Dass aber Bierbrauen nichts mit Hexerei zu tun hat, das bewiesen Louis Pasteur und Emil Christian Hansen. Der Franzose Pasteur entdeckte unter dem Mikroskop die Hefepilze und stellte fest, dass sie für die Gärung verantwortlich sind. Der Däne Hansen entdeckte die Heferassen, die mit ihren Enzymen die Rohstoffe unterschiedlich aufspalten und somit dem Bier jeweils einen anderen Geschmack verleihen können. Seitdem wird Bier so gebraut, wie ich es beschrieben habe. Ein kontrollierter Brauprozess mit bewusster Zugabe von Hefe löste den unkontrollierten ab.

Block-Eis zum Kühlen der Gär- und Lagerkeller.

Jede Brauerei verfügt über ihre eigene Reinzuchthefe, die in Deutschland – streng überwacht – an zwei Stellen, ähnlich einer Samenbank, tiefgekühlt gelagert wird: an der Brauerei-Universität in Weihenstephan sowie bei der Versuchs- und Lehranstalt für Brauereien in Berlin. Bierhefe kann mehrmals verwendet werden. Sie wird abgeschöpft und bringt den nächsten Sud wieder zum Gären. Dies geschieht drei- bis viermal, dann sind die Hefebakterien so erschöpft, dass sie in Rente gehen können. Frische Hefe übernimmt die Arbeit des Gärens.

Ist das Malz der Körper des Bieres, der Hopfen die Seele, so darf man die Hefe als das Herz bezeichnen, das Kölsch lebendig werden läßt – und das Wasser als die Ursuppe, der Ursumpf, in dem alles Lebendige entsteht. Wie beschrieben, gibt es obergärige und untergärige Bierarten, deren Würze durch die jeweiligen Bierhefen unterschiedlich aufgeschlüsselt wird. Obergärige Hefepilze, die bei der Vermehrung aneinander kleben bleiben – aus 1 wird 2 wird 4 wird 8 wird 16, 32, 64, 128, 256 ... –, bilden Sprossenverbände, die durch die Gärkohlensäure nach oben abgedrückt werden: Der Schaum schwimmt oben. Die untergärige Bierhefe teilt sich, bleibt einzellig und sinkt nach unten ab. Die Gärkohlensäurebläschen perlen an ihr vorüber. »Die Heferasse übt über die Gärungsnebenprodukte ebenfalls einen großen Einfluss auf den Biercharakter aus. Dies ist auch der Grund, warum sich gut erkennbare Geschmacksunterschiede zwischen den Bieren einzelner Brauereien herauskristallisiert haben.« So beschreibt es der Papst des Brauwesens Prof. Dr. Ludwig Narziss. Während des Gärprozesses entstehen auch Gärungsnebenprodukte. Dies sind unter anderem höherwertige Alkohole und Ester, die aber nicht verantwortlich sind für die Kopfschmerzen am Morgen danach.

Apropos: Weil das Brauen von Bier in früheren Zeiten scheinbar so viel mit Hexerei und Teufelsbund zu tun hatte, wählten sich die kölschen Brauer einen Schutzpatron: Petrus von Mailand. Dieser Heilige, so heißt es, lässt jedes Jahr an seinem Namenstag aus einem Kölner Brunnen auf wundersame Weise frisches Kölsch fließen. Man sagt, dies geschehe immer am 29. April, und seit 1977 fließe es aus dem Bier-

brunnen auf der Schildergasse. Man brauche nur mit der Zunge am kühlen, schlanken Stein zu schlecken ...

Es gibt Brauereien, da geschieht zu bestimmten Zeiten eine sonderbare Zeremonie. Bei Kerzenschein sitzen Kinder im dunklen Gewölbe des Gärkellers auf kleinen Stühlen. Besorgte Eltern und der Braumeister stehen ihnen zur Seite. Es herrscht Stille, und die Kinder atmen ruhig ein und aus. Im offenen Gärbottich ist die Hochkräusenphase angesagt. Optimal zur Linderung der Krankheit der kleinen Keuchhustenpatienten. Eine Kerze muss immer mit dabei sein. Sie warnt vor zu hohem Kohlendioxyd-Gehalt. Ist zuviel von diesem Gas in der Luft, verlöscht sie. Ist genug Sauerstoff vorhanden, kann der Patient genesen.

Auf dem Jungbier schwimmt die Bierhefe, die bei der Gärung nach oben gestiegen ist. Sie wird in diesem Stadium »Kräusen« genannt.

DER Schaum
AUF DEM KÖLSCH

Es ist vielleicht etwas ungewöhnlich, dass in einem Buch über Bier, über Kölsch im Speziellen, ein ganzes Kapitel dem Schaum auf dem Bier gewidmet ist. Doch es zeigt, dass wir dieses weiße, weiche Etwas als sehr, sehr wichtig empfinden.

Wie der Schaum selbst auf das Kölsch kommt, das wissen wir alle: Beim Zapfen bildet die im Kölsch enthaltene Kohlensäure kleine Bläschen, die durch die Oberflächenspannung des Bieres gebunden werden. So einfach ist das. Der Schaum deckt das Kölsch ab. Es kann, so lange er existiert, kein Sauerstoff an die Flüssigkeit gelangen. Das Bier kann nicht schal werden. Es bleibt frisch. Umgekehrt verhindert der Schaum, dass die Kohlensäure schnell aus dem Bier entweicht. Sie ist mitverantwortlich für den frischen Geschmack des Bieres. Und wer sein gut gezapftes Bier so lange stehen läßt, bis es warm ist und sich der Schaum verabschiedet hat, der ist es selber schuld. Ideal ist es, wenn man im Glas an den Schaumringen jeden Schluck erkennen kann! Außerdem ist ein hochgezapftes Kölsch ein ästhetischer Anblick. Diese herrliche Mischung aus Weiß und Goldgelb erfreut das Herz und die Seele. Und wenn dann die Tropfen außen am kühlen Glas abperlen, dann kann man nur sagen: Wohl bekomm's!

Der Schaum selbst bildet sich durch Stoffe, die durch das Malz und den Hopfen in das Bier gelangen und die im Bier gebundene Kohlensäure wie mit einem zarten Häutchen umgeben. Bier, das nach dem Deutschen Reinheitsgebot gebraut wird, braucht keine künstlichen Schaumbildner. Diese sind aber leider bei außerdeutschen Bieren notwendig, gerade wenn sie nicht mit Malz, sondern mit Rohfrucht, Reis oder Mais, gebraut werden.

Aber wie bleibt der Schaum auf dem Bier? Wie haben wir länger Freude an seinem Anblick?

Da ist erst einmal das Glas an und für sich wichtig. Es muss kühl sein, und es muss sauber sein. Der große Feind des Schaumes ist das Fett. Schon ein Schluck mit fettigem Mund vom Hämmchen oder – bei den Damen – vom Lippenstift, und der Schaum zerfällt in sich selbst. Schade! Der Theologe und Humanist Erasmus von Rotterdam schreibt bereits 1530 in einem seiner Bücher: »Wenn Du trinkst, wische Deine Lippen ab, bevor Du den Becher hebst!« Der Wirt und der Köbes müssen darauf achten, dass der Rand des Glases immer fettfrei ist. Es darf allerdings nicht mit herkömmlichen Spülmitteln gespült werden. Und wenn es denn doch sein muss, dann aber bitte schön hinterher kräftig mit klarem Wasser nachspülen. Für die Gastronomie gibt es spezielle Mittel, die die Oberflächenspannung des Spülwassers herabsetzen und somit den Schaum nicht gefährden.

Zum Zweiten ist für die Erhaltung des Schaumes der Druck der Kohlensäure in der Zapfanlage wichtig. Für jedes Bier ist gemäß seinem Kohlensäuregehalt ein bestimmter Druck notwendig. Sowohl zu viel als auch zu wenig Druck sind dem Schaum abträglich. Ihre Brauerei gibt Ihnen diesbezüglich gerne Auskunft. Pittermännchen sind in diesem Falle weniger problematisch, werden sie doch per Schwerkraft gezapft. Das glei-

che gilt für die Flasche, die einen vorgegebenen Innendruck besitzt.

Nun noch ein Wort zur Temperatur: Kölsch sollte in einem kühlen Glas und einer Temperatur von 6–8 Grad serviert werden. Ist Kölsch zu kalt, bildet sich wenig Schaum, aber der Geschmack ist o.k. Ist Kölsch warm, entbindet sich die gelöste Kohlensäure unkontrolliert, es entsteht viel Schaum, der aber großporig ist und schnell in sich zusammenfällt. Es wird schneller schal.

Für den Hausgebrauch empfiehlt es sich, das Pittermännchen erst kurz vor dem Anzapfen zu kaufen. Denn die Brauerei oder der Händler lagern es (hoffentlich) in gekühlten Räumen. Kaufen Sie kein zu großes Fass, lieber zwei kleine und einen Reservekasten. Und zu Hause ab damit in die mit kaltem Wasser gefüllte Badewanne. Die mit Kunststoff ummantelten Fässer erwärmen sich bei Raumtemperatur um etwa 1 Grad in der Stunde! Da heißt es: Aufgepasst! Und bitte – ein Fässchen oder auch Flaschen nie in den Eisschrank legen. Die Gefahr des Platzens ist doch zu groß. Kölsch verschütten ist eine Sünde! Also, frisch angezapft!

En ener kölschen Weetschaff. Der Köbes brengk enem Gass e Kölsch, jet flöck gezapp un deshalb jet vill Schuum. »Donnerletsch«, säht d'r Gass, »hät dat ävver Blose!« – Dä Weet hät et gehoot un röf: »Wann do d'r ganzen Dag läufs wie dat Bier, da häs do och Blose!«

Was hat sich der Verfasser bei diesem Witz wohl gedacht, als er ihn schrieb? Wo wollte er seine Pointe setzen? Will er die Schlagfertigkeit des Wirtes rühmen, oder rügt er dessen flöck gezapptes Bier? Bekrittelt er die Kleinkariertheit des Gastes, dem es nach einem ganz vollen Glas gelüstet, der aber nur eines mit »jet vill Schuum« erhält?

Meiner Meinung nach erhält der Gast ein optimales Kölsch: janz frisch – et läuf jot – un et es huhjezappt.

WIE DER Schaum AUFS KÖLSCH KOMMT

In Köln lebte ein Brauer, der braute lange Jahre Woche für Woche sein frisches kölsches Bier. Er tat seine Arbeit recht, und die Kundschaft dankte es ihm. Eines Tages aber, da wollte ihm so gar nichts mehr gelingen. Die Hefe schäumte zu stark, das Bier war schnell sauer, es schmeckte fade. Das sprach sich herum, und die Leute redeten hinter seinem Rücken, er sei wohl zu schlampig geworden. Oder er kaufe wohl nicht mehr den guten Hopfen und das beste Malz. Er wolle sich auf ihre Kosten bereichern. So hörte man es in der Stadt. Der Brauer rackerte sich ab, und wenn ihm ein Sud mit Müh und Not gelang, dann war er froh. Aber man konnte sich auf ihn und sein Bier nicht mehr verlassen. Das beschämte ihn und machte ihn todunglücklich.

Osterzeit, die Zeit der Auferstehung des Herrn. Die Glocken durften wieder läuten, und die Menschen erfreuten sich an ihrem Klang. Es war Frühling, die helle Zeit des Jahres begann. Nur für den Brauer änderte sich nichts. Gerade in der wärmer werdenden Jahreszeit bewies sich die Kunst des Brauens in besonderer Weise. Er tat sein Werk, aber es gelang ihm immer seltener.

»Ach, käme doch einer, der mir zur Seite steht, dass alle Welt meine Redlichkeit erkenne und mein Bier wieder munde. Was gäbe ich darum, wenn ich wieder so fröhlich lachen könnte, wie die Glocken klingen.« Er liebte das Geläut der Glocken von den über hundert Kirchtürmen im Hillije Kölle.

Es kam der Sommer, es kam der Winter, die Fastenzeit brach an. Die Glocken verstummten. Sie seien nach Rom geflogen, so wurde den Kindern erzählt. Aber sie waren natürlich in ihrem Glockenstuhl fest verankert, und sie bewegten sich nicht. Das Ruhen war ihnen bald zu langweilig. Sie waren es gewohnt,

Älteste Darstellung eines deutschen Bierbrauers. Links oben im Bild ist der Brauerstern zu erkennen, hier als »Bierzeiger« (um 1430).

emsig den Menschen der Stadt die Uhrzeit zu sagen, zur Messe zu laden oder den Tod eines Kölner Bürgers anzuzeigen.

»Ach, könnten wir doch den Menschen unsere Töne geben, dass es in ihnen klinge und schwinge, auch wenn wir stumm sind.« Da fiel einer kleinen Glocke in der Sternengasse der Brauer ein, der jeden Tag, wenn sie läutete, zu ihr hochblickte und sich an ihr erfreute. Sie hatte bemerkt, dass es ihm immer schwerer fiel, seinen Kopf zu erheben. Und sie hörte auch das Geschwätz der Leute.

»Wenn es in seinem Herz tut klingen, dann wird sein Bier ihm wohl gelingen. Ach, könnt‘ erfreuen mein Geläut, die Sinne und das Herz der Leut‘.« So summte sie vor sich hin. Der Wind umschmeichelte ihre rundliche Form. Er trug ihre Gedanken mit sich fort. Die anderen Glocken vernahmen es und stimmten in das Summen der kleinen Glocke mit ein. Über der Stadt war ein sanftes Sausen zu verneh-

Die Zeiten ändern sich, doch Kölsch wurde schon immer getrunken.

men. Aber kaum jemand bemerkte es. Dem Brauer jedoch wurde es warm ums Herz. Er rannte in sein Sudhaus und rührte heftig die gärende Würze um. Noch mal und noch mal rührte er. Und es wogte und waberte und brauste heftig. Dann ließ er alles stehen und liegen und legte sich erschöpft in sein Bett.

Wer jetzt gedacht hat, die Heinzelmännchen würden sein Werk vollenden, der hat sich getäuscht. Beim Rühren drang das Summen der Glocken in das gärende junge Bier hinein, belebte es, und es gelang besser als je zuvor. Der Brauer staunte nur. Denn beim Eingießen in den Krug oder die Kanne schäumte sein Bier immer heftiger – so wie an dem Tag, als er das erste Mal seinen Sud umrührte. Und fortan, wenn das Bier kurz vor seiner Reife stand, ging er hin und rührte fröhlich vor sich hin summend den Sud um. Auf diese Weise gelangte jedesmal ein neuer Klang in das Bier hinein, und der Schaum auf dem eingeschenkten Krug versetzte die Menschen in Freude. Denn mit dem Trinken eines jeden Bläschens gelangte auch ein kleiner, frischer Klang in ihr Herz, und sie fühlten sich wohl. Der Brauer war angesehen wie zuvor.

Und die Glocken? Sie schauen seitdem umso neugieriger aus ihren Stühlen auf die Stadt und erfreuen sich an dem Frohsinn der Menschen, wenn die ein leckeres, süffiges, schäumendes Kölsch trinken.

DIE kölsche Stange

6. März 1986: Die Kölsch-Konvention wird unterzeichnet. 24 Kölsch-Brauereien einigen sich auf gemeinsame Wettbewerbsregeln. In dieser Konvention wird nicht nur genau festgelegt, was Kölsch ist und wo es gebraut wird. In §3, Absatz 5, wird auch festgelegt, woraus Kölsch getrunken wird. Die Hersteller von Kölsch werden sich nach besten Kräften dafür einsetzen, dass Kölsch nur in die sogenannte »Kölsch-Stange« (Kölner Stange) gezapft wird, wie sie üblicherweise beim Aussschank von Kölsch verwendet wird.

Die Kölner Stange ist ein hohes, zylindrisches Glas mit einem proportional geringen Durchmesser. In anderen Worten: Die Stange ist ein schlankes Gefäß. 0,2 Liter ist die Größe des Glases, aus dem normalerweise das Kölsch getrunken wird. 0,3 und 0,4 Liter große Gläser sind Gläser, die in der Gastronomie benutzt werden, für Kölsch aber absolut schädlich sind.

Die Brauer mit der Urkunde: Die Chefs der Kölsch-Brauereien zusammen mit dem Kölner Oberbürgermeister Norbert Burger

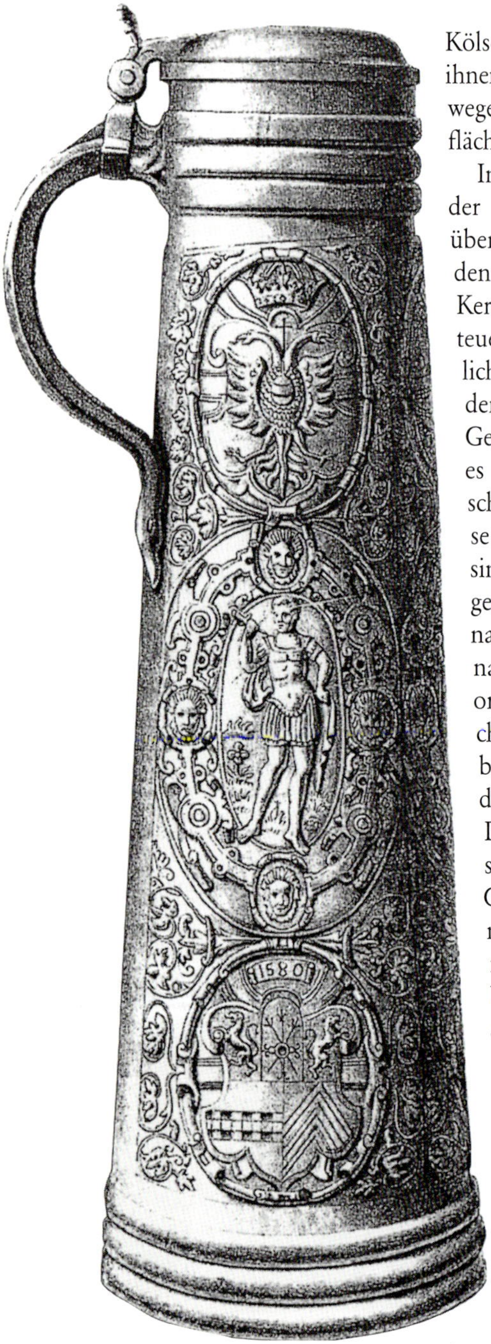

Kölsch wird in ihnen zu schnell warm und wegen der größeren Oberfläche schneller schal.

In früheren Zeiten trank der Kölner Bürger – wie überall in deutschen Landen – aus Steinzeug- oder Keramik-Krügen. Glas war teuer und ein handwerklich schwer zu bearbeitender Rohstoff. Gläser als Gebrauchsgegenstand gibt es für den normalen Menschen erst, seitdem diese industriell herstellbar sind. In Köln und Umgebung gab es die sogenannten »Schnellen«, die nach ihren Herstellungsorten, Siegburg und Frechen, benannt wurden, beides Töpferstädte in der Nachbarschaft Kölns. Die Schnelle war ein sehr hohes, schlankes Gefäß. Es lief leicht konisch nach oben zu und fasste über einen halben Liter Bier. Manche Schnellen waren mit einem Deckel ausgestattet. Kleinere Schnellen hießen Pinten. Was die Schnelle mit dem Kölsch-Glas gemein hat, ist die schlanke Form. Und es kann sein, dass die Form des Kölsch-Glases in der Tradition der Schnellen steht. Genaues kann man dazu nicht sagen. Es gibt keine Funde, die einen Übergang von Keramik zu Glas belegen.

»Siegburger Schnelle« aus dem Jahre 1580.

Die kölsche Stange: ein schlankes zylindrisches Glas.

Stangengläser selbst gibt es seit der ersten Hälfte des 15. Jahrhunderts. Sie waren zum Teil über 40 Zentimeter hoch, das Verhältnis von Höhe zu Durchmesser betrug sechs zu eins. Zur Erhöhung der Standsicherheit besaßen sie einen abgeflachten Boden oder einen ausgestellten Standring. Zur Verzierung waren sie mit Noppen oder später mit weißen Fäden versehen. In Grün und Farblos wurden sie hergestellt. Erst um 1680 wurden sie von anders geformten Gläsern abgelöst.

Woher stammt die Kölner Stange?

Dr. Finke, Historiker der Firma »rastal« in Höhr-Grenzhausen, setzt die Entstehungszeit der kölschen Stange – ebenso wie die des Altbier-Glases – in der Zeit Ende des Ersten Weltkrieges an. Nach dem Krieg wurde von der Bevölkerung viel Glas benötigt. Die zylindrische Kölner Stange war die einfachste Gebrauchsglasform, leicht herzustellen, und konnte schnell und in Massen produziert werden. Da gleichzeitig auch eine Zunahme des Bierkonsums zu verzeichnen war, wurde die Stange zum gebräuchlichen Biergefäß.

Glas-Kultur

JEDEM BIER SEIN REINES GLAS

»Die Gläserformen sind heute überwiegend in einer Ausführung, die man als schaumfreundlich bezeichnen kann. Das heißt, der Glasrand hat einen geringeren Durchmesser als der übrige Teil (Bauch) des Glases. Die Form des Glases beeinflußt jedoch die Zapfzeit. So wird man für den Bierschwenker fast immer mehr Zapfzeit benötigen als z. B. für einen Pokal oder Humpen. Enge Gläser mit weitem Glasrand stabilisieren den Schaum weniger als die sogenannten Becher. Für Bierseidel gilt das Gleiche wie vorher beschrieben. Tonbierkrüge sollten vorwiegend in Gartenrestaurants benutzt werden: werden dort Glaskrüge verwendet, kann man bereits nach 5–6 Minuten den Lichteinfluß als Geschmacksnachteil erkennen.

Daß nur in ein gut gespültes Glas gezapft werden soll, ist allgemein anerkannt, aber nicht überall üblich. Generell ist dazu zu sagen, daß man ohne ein Glasspülmittel heute nicht mehr auskommt. Die üblichen Haushaltsspülmittel für Gläser jedoch dürfen in keinem Fall verwendet werden, weil sie schaumzerstörend wirken. Speziell für Bier wurde der Gläserreiniger Becharein entwickelt. In 0,04%-iger Lösung ist er voll wirksam. Er ist oberflächenaktiv, das heißt er überzieht die Oberflächen mit einem Mikrofilm seiner Lösung, und macht Wasser doppelt dünnflüssig. Die Reinigung mit ihm muß jedoch mechanisch unterstützt werden durch eine Bürste. Das Besondere des Gläserreinigers für Bier ist, daß sein Mikrofilm, der an der Glaswand haftet, die Oberflächenspannung des Bieres nicht verändert und das Schaumverhalten nicht beeinträchtigt.«

Aus: Handbuch der Brauerei-Praxis, S. 160.

DAS Zapfen

Zapfen ist ein Thema für sich. Ein gut gezapftes Bier ist immer eine Augenweide und Gaumenfreude. Aber wer kennt nicht das fröhliche Anzapfen mit der folgenden Überschwemmung der näheren und weiteren Umgebung? Ein falscher Streich, und am Zapfhahn vorbei entweicht das leckere Kölsch!

Ein guter Messingzapfhahn ist zwar nicht billig, aber einfach zu bedienen. Der Hammer ist überflüssig, auf Treffsicherheit wird kein Wert mehr gelegt. Allein die Hand macht es. Eingesetzt in das Spundloch, die große Messingschraube gedreht, und schon verschließt ein Gummiring die Öffnung. Ein leichter Schlag mit der Hand – klack – und schon kann das Kölsch ohne Umweg ins Glas fließen. Der Nichtverlust an Kölsch bringt die Hahnkosten wieder rein.

Die alten Holzhähne haben eigentlich ausgedient, auch wenn viele in dieser Hinsicht der Nostalgie frönen. Von Plastikhähnen, wie mir einer kürzlich geschenkt wurde, möchte ich gar nicht reden!

Ist das Pittermännchen angezapft, kann das Kölsch strömen. Der Druck treibt es so lange raus, bis im Fass ein Unterdruck entsteht und ein kleines Ventil im oberen Loch eingesetzt werden kann. An ihm kann man den Innendruck individuell steuern und die Zapfqualität mit beeinflussen.

Ein Kölsch sollte stetig und ohne abzusetzen gezapft werden. Vorzapfen, stehen lassen und dann nachzapfen sind der Tod dessen, was ein gutes Kölsch geschmacklich auszeichnet. Vorzapfen ist eine üble Unsitte, die wir auf keinen Fall billigen können. Umschütten von einem Glas ins andere ist Unkultur. Und Schaumabstreifer darf es einfach nicht mehr geben. Die Stange einfach leicht schräg an den Zapfhahn halten und gleichmäßig das Kölsch hineinfließen lassen. Kölsch darf nicht plätschern. Je kürzer die Entfernung, desto weniger Sauerstoff,

So wird ein Kölsch schön hochgezapft.

desto kleinporiger die Schaumbläschen, desto sahniger der Schaum, desto länger frisch.

Das richtige Zapfen von Bier ist eine kleine Kunst für sich, die jeder schnell lernen kann. Ein guter Wirt muss sie einfach beherrschen. Die Güte seiner Kneipe oder seines Restaurants liest man auch an dem gut gezapften Kölsch ab, und darauf legen wir Wert!

Gutes Handwerkszeug benötigt Pflege: Den Messinghahn mit warmem Wasser gut durchspülen und trocknen lassen. Keine Spülmittel verwenden. Für die Leichtgängigkeit des Hahnes gibt es ein spezielles Fett, das mit dem Kölsch keine Verbindung eingeht. Für die kleine Gummilippe im Ventil, die so gerne verklebt, tut es ein klein wenig Vaseline, da dieses Teil nicht mit Kölsch in Berührung kommt.

Übrigens: Eine zu hohe Dosis an Rasierwasser und Eau de Toilette verhindert den guten Geschmack und vernebelt den feinherben Geruch von Kölsch.

Deckel & co.

Zu den kulturell wichtigen Gegenständen, die wir in einem kölschen Brauhaus, einer Kneipe oder einer Schankwirtschaft finden, gehört auch der Bierdeckel. Der Bierdeckel, dieser oftmals leicht feuchte Untersetzer, ist noch gar nicht so alt.

Ursprünglich dienten Deckel als Abdeckung von Gläsern oder Krügen, damit sich das Bier länger frisch hielt. Erst im Jahr 1892 erhielt Robert Sputh aus Dresden das Patent für runde oder rechteckige Holzfilzplatten behufs der Bierseidelaufstellung. Herr Sputh blieb bis in unser Jahrhundert hinein Monopolist in der Herstellung. Seit 1906 werden Bierdeckel bedruckt und sind seitdem wunderbare Werbeträger und Sammelobjekte zugleich.

Auf den Deckel malt der Köbes die »Pözjer« oder die »Schrömcher«. Das sind die vier senkrechten Striche mit dem einen mehr oder weniger waagerechten Querstrich. Ne Pooz ist eine Tür, ein Pözjen ist ein Türchen. Wenn der Deckel »rund« ist, erinnert das den Kölner an einen Jägerzaun, und ein Segment ist dann quasi ein Pözjen.

Wie gesagt, auf den Deckel malt der Köbes die Pözjer. Diese Pözjer sind eigentlich illegal. Denn der fünfte, der waagerechte Strich, bedeutet durchgestrichen. Ein Koblenzer Landgericht soll einmal einen Gast freigesprochen haben, der seinen Deckel rund gemacht hatte und nach Hause ging mit dem Argument: Das ist ja alles durchgestrichen! Auch wenn dieses Urteil stimmen sollte, wäre es Unsinn, dieses Wissen auszunutzen. Denn diese Pözjer verhelfen dem Köbes wie auch dem Gast, den Überblick zu behalten, wieviel Kölsch bereits getrunken wurden.

Wo wurde damals gezählt, als es noch keinen Deckel gab? Da gab es an den Wänden der Bier- und Brauhäuser Schiefertafeln. Wurde ein Kölsch bestellt, wurde dieses angeschrieben. Wenn der Gast bezahlt hatte, wischte der Köbes die Striche mit dem Schwämmchen aus. Konnte oder wollte er nicht zahlen, »stand er in der Kreide«.

In anderen Gegenden Deutschlands bekam der Gast einen Stab, eine Holzlatte. Bei jedem gelieferten Bier wurde eine Kerbe hineingeschnitten. Wenn viel getrunken wurde, hatte man »einen auf der Latte«, wenn man nicht bezahlen wollte oder konnte, hatte man »einen auf dem Kerbholz«. Dieses Kerbholz war fälschungssicher, denn das Holz wurde gespalten. Die eine Hälfte behielt der Wirt, die andere erhielt der Gast. Kam das frische Bier, wurden die beiden Stücke zusammengefügt, die Kerbe geschnitten und wieder getrennt. Bei der Abrechnung mussten beide Hälften die gleiche

Anzahl Einschnitte aufweisen. Eine alte Methode der Datensicherung. Achten musste der Zecher dabei allerdings genau auf die Köbesse, die ihm, wenn er sich bereits zuviel hinter die Binde gekippt hatte, ein X für ein U machen wollten (X = römisches Zeichen für die Zehn; U = V = Zeichen für die Fünf).

In Köln hatte man noch eine andere Zählmethode. Hier gab es zu jedem Glas Kölsch ein Deckelchen, einen Untersetzer aus Porzellan. Et jov en Kölsch, mer kret en Deckel. Et jov noch en Kölsch, et jov noch ene Deckel. Et jov wedder en Kölsch; mer kret noch ene op den Deckel. Und langsam wuchs ein kleines Türmchen

empor. Da die Deckel nicht so ganz passgenau waren, wurde dieses Türmchen je höher, desto schräger. Das war das sogenannte »Analogprinzip«, denn: Je schräger das Türmchen, desto schräger der Gast, der nachts das Brauhaus verließ. Wenn man keine Lust mehr auf ein leckeres Kölsch hatte, so legte man einfach den Deckel auf den Krug – heute das Glas –, und der Köbes weiß: Aha, dä hät keine Doosch mih.

Wenden wir uns nun kurz der Zukunft zu. Werfen wir einen Blick ins dritte, digitale Jahrtausend. Es gibt den Köbes, es gibt den Bierdeckel, es gibt die Schrömcher, es gibt die kölsche Stange, es gibt das Kölsch. Aber der Köbes

besitzt eine Scannerkasse. Der geht dann mit dem Scanner auf die Pözjer. Man hört ein leises »piep-piep-piep«. An seinem Hemd hat der Köbes ein Display. Und auf diesem Display kann er ablesen, wieviel Kölsch wir getrunken haben, wieviel Halve Hahn wir gemüffelt haben, wie hoch die Zeche ist. Als besonderer Service für den Gast ist auch abzulesen, wieviel Promille wir im Blut haben; und als Service für den Köbes, wieviel Trinkgeld er zu kriegen hat.

Aber das ist natürlich Zukunftsmusik des dritten, digitalen Jahrtausends. – Obwohl! Im Peters-Brauhaus ordern die Köbesse bereits vom Tisch aus drahtlos ihre Kölsch beim Zappes oder die Speisen in der Küche. Also, ganz so fern ist die Vision nicht.

Noch ein anderes Wort hat seinen Ursprung in einer Schankwirtschaft, einem Brauhaus: das militärische Ehrenzeremoniell des Zapfenstreichs. In früheren Zeiten ist der Stadtpolizist in die Schankstuben hinein gegangen und hat mit einem Hieb, einem Streich, auf den Zapfhahn die Polizeistunde besiegelt bzw. den Ausschank beendet. Eine etwas andere Deutung besagt, dass er einen Strich auf den Zapfen gemacht hat, so dass es ebenfalls »zappenduster« war, da nicht mehr gezapft werden durfte. Eine bierernste Angelegenheit.

ET Pittermännche

Am besten schmeckt ein frisches Kölsch aus einem Pittermännchen. Pittermännchen werden die kleinen bauchigen Fässer genannt, die per Schwerkraft gezapft werden. Der Zapfhahn wird mit ein paar Schlägen in die dafür vorgesehene Öffnung getrieben, obenauf wird die »Lüftung« installiert, und schon kann es losgehen.

Das Wort »Pittermännchen« ist die Verniedlichungsform des Namens Peter. In früheren Zeiten waren viele kölsche Jungen auf den Namen Peter – Pitter – getauft. Der 29. Juni, Namenstag von Peter und Paul, war der Vatertag der Kölner Männer; nicht wie heutzutage Christi Himmelfahrt. Am Vatertag sind die Kölner Männer raus aus der Stadt auf die Wiesen und Felder der Umgebung. Und zur Labung nahmen sie sich immer das eine oder andere oder dritte oder vierte ... Pittermännchen mit. Abends kamen sie fröhlich schwankend durch die großen Tore in die Stadt zurück: Es war wieder einmal ein herrlicher Tag.

DIE Flasche

Die Flasche für das Kölsch ist im Grunde ein Zeichen der Emanzipation. Denn mit der Einführung der Bierflasche begann eine Loslösung von dem alleinigen Brauerei-Ausschank. Es wurde bereits Bier in Bierfässern an Schankwirtschaften abgegeben, aber nur in begrenztem Maße. Mit der Flasche konnte der Verbraucher schneller und unabhängiger beliefert werden. Auch war eine Wirtschaft an sich nicht mehr vonnöten. Es konnte quasi in jedem Geschäft oder vom Küchenfenster aus Bier verkauft werden. Der Wirt und die Wirtschaft wurden überflüssig. Es entstanden die Vorläufer der heutigen Kioske.

Doch erst durch die Industrialisierung der Brauereien und der damit einhergehenden Produktionssteigerung wurde das Flaschenbiergeschäft rentabel. Obwohl es am Anfang naturgemäß ›Kinderkrankheiten‹ gab: das Bier wurde in Flaschen gekauft, aber die Flasche selbst nicht wieder zurückgegeben. Erst mit Einführung der Pfandflasche wurde diesem großen Schwund Einhalt geboten. Des Weiteren kauften nichtkonzessionierte Händler – Händler, die keine Schankerlaubnis hatten – Fässer mit Bier, zogen selbiges auf Flaschen und verkauften es an die Kundschaft. Das rief einen blühenden Schwarzhandel ins Leben, an dem es gut zu verdienen gab. Die Einführung der Konzessionspflicht für den Flaschenbierverkauf und der Verkauf in Prägeflaschen – Flaschen, die ein aufgeschmolzenes Glassiegel der Brauerei besaßen – setzten diesem ungesetzlichen Treiben ein Ende.

0,3-Liter-Bügelflasche

Die Bierflasche ermöglichte es außerdem, dass Bier in entfernt gelegene Regionen exportiert oder aus diesen importiert werden konnte. Das Geschäft der Bierverleger nahm seinen

Anfang. Norddeutsches oder süddeutsches Bier wurde zu günstigen Preisen im Rheinland vertrieben. Und man konnte diese Spezialitäten zu Hause mit Freunden genießen. Der Geschmack der großen, weiten Welt hielt Einzug in die Arbeiter- und Bürgerstuben.

»Die Flaschen gehören in Europa seit dem Wiederaufleben der Glasproduktion im Spätmittelalter zum allereinfachsten Gebrauchsglas.« Dies stellt Thomas Dexel in seinem hervorragenden Buch »Gebrauchsglas« fest. Bereits in der Antike gab es Glasflaschen. Glasflaschen wurden benutzt von Ärzten und Apothekern zur Aufbewahrung von Medizin, Ölen, Duftstoffen. Da Glas keine Reaktion mit diesen Stoffen eingeht, diente die Flasche sowohl der Vorratshaltung als auch dem Verkauf. Der Verschluss war aus Kork oder aus Holz. Es gab aber auch den Glasverschluss, die Verschmelzung von Flasche und Verschluss zu einem Guss, der dann abgeschnitten oder -geschlagen wurde. Aus dem dritten Viertel des 17. Jahrhunderts ist – laut Dexel – die Erfindung von Korkenziehern zu vermelden, die seitdem allgemein gebräuchlich sind; zunächst bei den Weinflaschen, deren fest in den Flaschenhals hineingetriebene Korken mit diesen leicht zu entfernen waren.

0,33-Liter-Longneck-Flasche

Bier wurde erst mit dem Beginn des 18. Jahrhunderts in Flaschen abgefüllt. Leider kann nicht gesagt werden, wie diese ersten Flaschen aussahen. Verschlossen wurden die ersten Flaschen in den Brauereien mit Naturkorken. Der Bügelverschluss, auch Patentverschluss, war ein großer Fortschritt. Letztendlich hielt aber der Kronkorkenverschluss den Siegeszug im Verschlussreigen.

Euro-Flasche, NRW-Flasche, Flasche mit Bügelverschluss oder 0,33-Liter-Vichy-Flasche und seit neuestem 0,33-Liter-Longneck-Flaschen: Kölsch wird in ganz unterschiedliche Flaschen abgefüllt. Bevorzugen die meisten Brauereien die NRW-Flasche, will die Brauerei Zur Malzmühle ihr Mühlen-Kölsch so lange es eben geht in die Euro-Flasche abfüllen.

0,5-Liter-Bügelflasche

Die elegante 0,33-Liter-Vichy-Flasche wird bevorzugt im gastronomischen Bereich angeboten. Flaschenbier ist naturgemäß preisgünstiger als Fassbier. Sind die Errichtungskosten für die Flaschenbierabfüllung auch nicht gerade gering, so macht doch die Abfüllmenge die Investition auf Dauer wieder wett.

Brauereien stecken viel Geld in die Errichtung und Ausstattung von Kneipen, Wirtschaften und Restaurants. Sie treten, ähnlich den Banken, finanziell in Vorlage, damit dem Gast ein schönes Ambiente geboten werden kann. Es braucht viel Zeit, bis sich diese Investitionen amortisiert haben. Um dem Betreiber unnötige finanzielle Belastungen zu ersparen, wird ein Risikoausgleich über den Preis des Bieres erreicht.

Natürlich wird über jede Bierpreiserhöhung geklagt und gemeckert. Interessanterweise war dies bereits im Mittelalter so, wo die Erhöhung der Biersteuer, der Bierakzise, den Bierpreis regelmäßig in die Höhe trieb. Und trotzdem wollte niemand auf sein Bier, sein Kölsch verzichten. Umgerechnet auf das heutige Einkommen ist Kölsch aber immer noch ein gut bezahlbares, preiswertes Lebensmittel, das wirklich seinen Preis wert ist – ob in der Kneipe getrunken, aus dem Pittermännchen oder der Flasche zu Hause.

DER Kron(en)-korken

Mit der Flasche kam auch der Verschluss. Waren es zunächst die vom Champagner bekannten Korkstöpsel mit Schnüren oder Draht, die das Bier am Auslaufen hinderten, kamen bald die bekannten Porzellanverschlüsse mit dem roten Gummiring in Mode: Ein »Plopp« mit dem Daumen, und die Flasche ist geöffnet. Kurfürsten-Maximilian- und Peters-Kölsch sind heute die einzigen Marken, die diesen Verschluss haben – zur Freude des Kölsch-Trinkers.

Den großen Coup landete ein amerikanischer Erfinder: William Painter aus Baltimore. Er entwickelte einen Verschluss, der verlässlicher war als die damals herkömmlichen Verschlüsse, »und dabei die Kosten des Verschlussmaterials verringerte«. Patenterteilung in Deutschland und England: 2. Februar 1892. Die erste Kronkorkenfabrik hierzulande entstand in Hamburg.

Kronkorken und Flaschenhals: High-Tech des ausgehenden 19. Jahrhunderts.

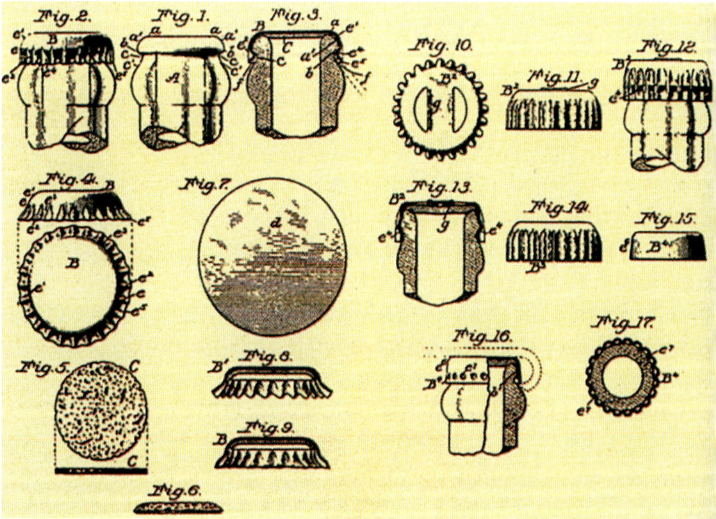

Dem Urkronkorken fielen im Laufe der Zeit tatsächlich drei Zacken aus der Krone. War er ursprünglich auf 24 Zacken konzipiert, verringerte sich die Zackenzahl auf 21.

Wie wird's gemacht?

Weißblechplättchen werden unter Druck auf die Flasche gepresst. Der Wulst am oberen Rand des Flaschenhalses dient der Sicherung. »Der gezackte Rand ist elastisch, der Druck wird nur auf die Ausbiegung ausgeübt und wirkt nicht unmittelbar auf den Flaschenkopf, ein Splittern oder ein Bruch werden somit so gut wie vollständig ausgeschaltet.« Es wird eine feste Verbindung mit der Flaschenmündung hergestellt. Wollte Painter als Dichtungsmittel Naturkork verwenden, versuchte man es aber aus Kostengründen mit Presskork, der mit Bindemitteln versetzt großporig, unelastisch und somit schnell undicht wurde. Heutzutage verwendet man als Dichtungsmaterial auf die Innenseite des Kronkorkens aufgespritztes PVC.

Im Jahr 1990 wurden allein in Deutschland 20 Milliarden Kronkorken verbraucht – allerdings nicht nur für Kölsch-Flaschen.

Kölsch

ES KÖLSCH UN BLIEV KÖLSCH

Die Geschichte vom Kölsch kann man entweder kurz oder sehr lang erzählen. Doch das, was Kölsch zum Kölsch macht, und seit wann es überhaupt Kölsch ist, lohnt sich genau und ausführlich zu betrachten – und das braucht Zeit, Raum und Papier.

Seit wann gibt es Kölsch? Diese Frage ist nicht exakt zu beantworten. Seit preußischer Zeit gibt es den Begriff, aber bis in die zwanziger Jahre war es ein Kölsch Wieß und eben kein Kölsch; und doch wiederum ein Kölsch, nur dass es ein unfiltriertes Bier war.

Drei große Stationen kennzeichnen die geschichtliche Entwicklung von Kölsch:

1. Der Übergang vom Grutbier zum Keutebier. Köln wurde von einer Weinstadt zu einer Bierstadt.
2. Der Wandel von Haus- und Privatbrauereien zur industriellen Fertigung.
3. Die Kölsch-Konvention von 1986. Kölsch wird ein europaweit geschütztes Warenzeichen.

Die Babylonier tranken ihr Bier mit langen Rohren. Das Bier war damals unfiltriert.

Die Biergeschichte selbst geht weit zurück.

Das Brauerhandwerk ist das zweitälteste Handwerk der Welt. Welches ist das älteste? – Falsch! Das älteste Handwerk ist das Bäckerhandwerk, denn aus Brot wurde das erste Bier gegoren. Zu etz jet in de Buch, dann jet in de Kopp und dann etz ... !

Brötchen morgens in Wasser einweichen, stehen lassen, nach 14 Tagen trinkfertiges Bier – das wäre heute eine tolle Sache. Darüber berichten Anekdoten und Gesetzestexte aus Mesopotamien, Assyrien und Ägypten. Aber auch die Germanen wussten Getreideprodukte oder aus Getreide hergestellte Getränke zu vergären. Sie waren auch schon des »Brauens« kundig, das berichtet Tacitus, römischer Geschichtsschreiber. Auch wenn der Genuss oft genug am nächsten Tag mit einem dicken Brummen im Kopf endete. Aber wer kennt das nicht.

Es war einmal ...

Wann in Köln das erste Mal gebraut wurde, ist nicht überliefert, denn mit den Römern kam auch die Rebe, die Traube und somit der Wein in unsere kölsche Region. Der Weinanbau war en vogue und gegorener Getreidesaft, na ja ... plebs.

Selbst in nachrömischer und mittelalterlicher Zeit wurde innerhalb der Stadtgrenzen Wein angebaut. Weinfelder waren um die Kirchen Sankt Severin, Sankt Mauritius und Sankt Christoph zu finden. Das erkennt man noch auf den alten Stadtplänen Kölns. Als jedoch 1164 Erzbischof Reinald von Dassel die Gebeine der Heiligen Drei Könige durchs Dreikünningepötzche in die Stadt einführte, soll zu deren Ehren auf dem Domvorplatz ein Medebruere, ein Medebierbrauer, sein lecker Bierchen den Kölnern wohlfeil geboten haben. Medebier war ein mit Honig gewürztes Bier und somit sehr süß.

Besser schmeckte da wohl das Grutbier, ein Kräuterbier, gebraut aus Braumalz und aus

Würzmalz, der Grut. Diese Grut war ein Pulver – ähnlich dem asiatischen Curry –, das sich aus verschiedenen Zutaten zusammensetzte. Hauptwürze waren die Triebe des Gagelstrauches, eines Myrten-Gewächses. Im Norden war es der Porsch, ein Verwandter der Erica-Gewächse, auch wilder Rosmarin oder Warzenkraut genannt. Diese Pflanzen wurden mit Getreide und anderen ›Gewürzen‹ getrocknet, fein gemahlen und an die Brauer verkauft. Jede Region hatte ihre eigene Rezeptur, die als Geheimnis der Gruter, der Gruthersteller, mündlich weitergegeben wurde. Ähnlich dem griechischen Retsina soll in Köln speziell auch Harz, das zur Abdichtung der Fässer verwandt wurde, dem kölschen Grutbier eine eigene Geschmacksnote verliehen haben, gemeinsam mit Lorbeer und Anis. Die Rechte, Grut herzustellen, lagen immer bei der Obrigkeit, die diese aber auch verpachten oder verpfänden konnte. Denn Grut war gutes Geld. Sie war hoch besteuert. Und wer das Grutrecht besaß, war meistens ein gemachter Mann.

Aber dieses süßliche, leicht verderbliche Grutbier war nicht das A und O des Geschmacks, den sich die Kölner wünschten. Gut, sie waren nicht gerade verwöhnt, obwohl Köln eine Weinstadt war, sowohl vom Handel als auch vom Konsum her gesehen. Köln hielt gute Handelsbeziehungen mit der Pfalz, dem Elsass und der Moselregion. Kölner Weinhandelsherren besaßen Weinberge am Mittelrhein und im Rheingau. Der kölsche Bürger wie ich und du trank allerdings nicht die guten und teuren Weine, sondern den billigen Wein aus dem Vorgebirge und vom Drachenfels; und natürlich

den Vin de ville, der auch gerne als »de nasse Lodewig« oder »de suure Hungk« bezeichnet wurde. Das war der Wein aus den regenreichen oder sonnenarmen Jahren. Er wurde bereits morgens zum Frühstück mit Wasser verdünnt getrunken. Deshalb war ein Schritt in die richtige Richtung das Hoppebier, ein Bier, das mit Hopfen als alleiniger Würzpflanze gebraut wurde. Der Ursprung dieses Bieres war der hanseatische Raum. Es war transport- und lagerfähig, konnte deshalb exportiert werden und galt sogar als Luxusbier. Der Hopfen machte das Bier herber, und das kam dem Geschmack der Kölner entgegen. Das Hoppebier wurde »Rotbier« genannt, da das geröstete Gerstenmalz dem Bier eine dunklere Bernsteinfarbe verlieh.

Endgültig von einer Wein- zu einer Bierstadt wandelte sich Köln jedoch durch das Keutebier, das auch als »Gelbbier« bezeichnet wurde. Das Keutebier wurde wie das Hoppebier mit Hopfen gebraut. Es kam über die Niederlande in die Stadt. Es war heller als das Rotbier, da es sowohl aus Gerstenmalz als auch aus Weizen und Dinkel gebraut wurde. Dadurch war es wesentlich herber als das Grutbier, aber weicher als das Hoppebier.

Die Biere der damaligen Zeit drohten sehr schnell ›umzukippen‹, das heißt sauer zu werden. Das Bier war nicht rein. Der Hopfen mit seinen Gerbstoffen machte das Keutebier haltbarer und somit lager- und transportfähiger. Und es war billiger, denn Hopfen war nicht besteuert – noch nicht. Deshalb durfte es zunächst nicht in Köln gebraut werden. Aber die Kölner gingen oder fuhren einfach nach Riehl oder nach Deutz und Mülheim und konnten dort billiges und gutes Keutebier zur Genüge trinken. Das gefiel natürlich weder den Kölner Brauern noch dem Säckelmeister der Stadt Köln. Denn den Kölner Brauern gingen Kunden verloren und der Stadt Einnahmen aus der Grutsteuer. Man einigte sich auf eine doch recht hohe Verbrauchssteuer, und ab 1471 durfte endlich auch in Köln Keutebier gebraut werden. Die Keutebierbrauer wurden als eine Unterabteilung der Brauerzunft anerkannt.

Im 15. Jahrhundert werden 60 bis 70 Brauereien gezählt. Der Kölner trank durchschnittlich $1/2$–$3/4$ Liter Bier, das sind zwischen 175–295 Liter pro Kopf und Jahr, ohne die Hausbrauereien zu berücksichtigen. Es wurde darauf geachtet, dass nur gute Rohstoffe zum Brauen benutzt wurden: Malz durfte nur ungemahlen in die Stadt eingeführt werden und wurde dann in der Rats-Malzmühle gemahlen. Im Kaufhaus Gürzenich angelieferte Hopfensäcke wurden mit extra angefertigten Spießruten geprüft. Die Brauer mussten sich verpflichten, gute »Oberheff« zu verwenden und keine »Unterheuff« sowie irgendwelche Kräuter zum Würzen. Dies darf man schon als Vorbote des Deutschen Reinheitsgebots werten.

Das Zunft- und Gaffelhaus der Brauer in der Schildergasse (1928 abgerissen).

Probleme gab es mit den Hausbrauereien. In jedem Haus durfte damals, wie auch heute, für den Eigenkonsum gebraut, aber nur innerhalb der Grundstücksgrenzen verzapft werden. Verkaufte man es nach außen, so war man ein »Höcker« oder »Heckenzäpper«. Wurde man erwischt, gab es empfindliche Strafen für diese illegale Tat. Ebenso waren die Klosterbiere eine üble Konkurrenz, da über den eigenen Bedarf gebraut wurde und das überschüssige Bier preiswert verkauft werden konnte.

Eine Biersorte gab es in Köln, die weder in der Stadt gebraut noch getrunken wurde. Das war das »Dollbier«. An freien Tagen oder sonntagnachmittags spazierten die Kölner gerne vor die Stadt, nach Rodenkirchen oder Melaten, in die dortigen Kneipen. Das Bier war billig, weil unversteuert. Da das Preis-Leistungs-Verhältnis äußerst günstig war, trank man gerne den einen oder anderen oder dritten Krug mehr und kam aus diesem Grunde raderdoll in die Stadt zurück. Aus diesen Zeiten stammen noch die Bezeichnungen für die drei schönen Kölner Vororte: Raderberg, Radertal und Raderdoll. Dollbier soll übrigens ein untergäriges Bier gewesen sein. Kein Wunder, dass der Kölner es nicht so gut vertrug wie frisches Keutekölsch.

Die Kölner Brauer waren sehr reich. Sie waren in einer eigenen Zunft organisiert. Ihre Gaffel, das war der stadtpolitische Arm der Zunft, war mit dieser identisch. Die Brauer durften zwei Ratsherren in den Rat entsenden. Man traf sich regelmäßig im Zunft- und Gaffelhaus und pflegte den Austausch. Im religiösen Bereich waren und sind die Brauer bis heute in der Petrus von Mailand Bruderschaft verbunden.

Louis Pasteur, Entdecker der Bierhefe.

Kölsch wird modern

Ein Sprung ins 19. und 20. Jahrhundert. Das Bier wird wissenschaftlich erforscht: Louis Pasteur entdeckt die Bierhefe. Der Botaniker Emil Christian Hansen stellt fest, dass nur speziell gezüchtete Hefestämme eine stets gleichbleibende Qualität des Bieres sicherstellen können. Der Brauvorgang wird mit dem Thermometer und dem Saccharometer, einem Zuckermessgerät, genau beobachtet. Carl Linde erfindet die Kältemaschine. Bier wird in Flaschen abgefüllt. Und ab 1906 gilt das Reinheitsgebot von 1516 für das ganze Deutsche Reich. Finanzbeamte sind sinnigerweise zu Reinheitswächtern der Nation geworden.

Bier ist das Getränk der Arbeitermassen. Kölns Bevölkerung wuchs stetig. 1880 fiel die

Stadtmauer. 1888 wurden die ersten Vororte eingemeindet. Die kleinen Brauereien konnten dem wachsenden Konsum der Verbraucher nicht mehr nachkommen. Und neben den hygienischen wuchsen auch die geschmacklichen Ansprüche. Untergäriges, bayerisches Bier hält in Köln Einzug. Es kam in Mode. Dank der modernen Technik konnte es auch unabhängig von der Witterung gebraut werden. Die mit Dampf

betriebenen Sudkessel verdrängten die Pfannen, die mit direktem Feuer beheizt wurden, auch wenn es damals Bedenken gab, dass die »Dampfbiere« den »Feuerbieren« in puncto Süffigkeit nachstünden.

Technik ist teuer. Und nur die großen, neu entstehenden Industriebrauereien waren in der Lage, sich diese anzuschaffen. 1872 entstand die erste Kölner Großbrauerei, die aber bald Kon-

kurs anmelden musste. Bis heute existiert die Sünner-Brauerei in Kalk (seit 1878). Friedrich Winter errichtete zunächst eine untergärige Brauerei in Lindenthal. Seine Nachfahren brauten dann aber auch Richmodis-Kölsch. Die Ende des 19. Jahrhunderts gegründeten Brauereien Hirsch-Brauerei und Adler-Brauerei fusionieren später, 1937, zur Dom-Brauerei.

1861 gab es in Köln 123 Brauereien! Dies waren hauptsächlich kleine Hausbrauereien, die ihr Bier direkt im eigenen Brauerei-Ausschank verzapften. Jeder konnte sich dort sein Bier im Siphon oder in der Bierkanne für den Konsum zu Hause abholen. Bierhandel oder gar Bierexport fanden kaum statt. Die großen Brauereien produzierten billiger als die kleinen. Zudem wurde vermehrt in Flaschen abgefüllt. Viele kleine Brauereien mussten aufgeben. Die Zahl sank auf 67 im Jahr 1895, und fünf Jahre später waren es nur noch 50 Brauereien in Köln. Ein herber Verlust an Kultur.

Aber die kleinen Hausbrauereien wurden gegen die sich schnell ausbreitenden Wirtshäuser der Großbetriebe geschützt. 1890 wird

die Konzessionspflicht für Gaststätten eingeführt, die der Neueröffnung von Gaststätten engere Grenzen setzte. Vermehrt wurde jetzt wieder von den großen Brauereien das traditionelle obergärige kölsche Wieß gebraut, das sich dank seiner langen Tradition gegen die untergärige Konkurrenz durchzusetzen begann.

Ein Auf und Ab im Kölner Brauereiwesen bildeten der Ersten Weltkrieg und die darauf folgende Zeit der Wirtschaftskrisen. Das Reinheitsgebot wurde teilweise aufgehoben. Gerste wurde stark kontingentiert. Malz-Ersatzstoffe durften benutzt werden. Der Stammwürzegehalt sank von elf auf zwei (!) Prozent. Die Reichsbiersteuer verteuerte das »Dünnbier«. Ein Qualitätsverlust war offensichtlich. Importierte Biere waren gefragt. Eine schwarze Zeit auch für die Kölner Brauereien. Nur durch Zusammenschlüsse konnten sie sich retten. Ein leichter Aufschwung ist ab 1932 zu verzeichnen. Dies war wohl weniger ein Verdienst der Nazis als eine allgemeine Erholung der Wirtschaft nach der Rezession. Die Zahl der Kölner Brauereien lag bei 41 Braustätten.

KÖLSCH-K

Ein Dokument, einmalig in der Bier-Geschichte: Die 1986 unterzeichnete Kölsch-Konvention.

Wiederum ist es der Krieg, der den Brauereien schwer zusetzt. Wie im Ersten Weltkrieg wird der Stammwürzegehalt gesenkt; es dürfen wieder Ersatzstoffe zum Brauen verwandt werden. Sogar ein gewisser Gehalt an Zucker ist erlaubt! Der Krieg selbst bringt eine weitgehende Zerstörung der Produktionsanlagen mit sich. Eine Katastrophe von noch nie da gewesenem Ausmaß. Die Kölner Brauereien sind am Boden. Und es sind nur sehr wenige, die von dem Wirtschaftswunder der Nachkriegszeit profitieren. So steigt der Bierkonsum von 30,1 Litern im Jahr 1949 auf fast 150 Liter pro Kopf Ende der achtziger Jahre. Große, moderne Brauereien produzieren leckeres, süffiges Kölsch. In der Tradition der kleinen Kölner Hausbrauereien stehen die Brauerei Zur Malzmühle am Heumarkt sowie die Obergärige Hausbrauerei Gebr.

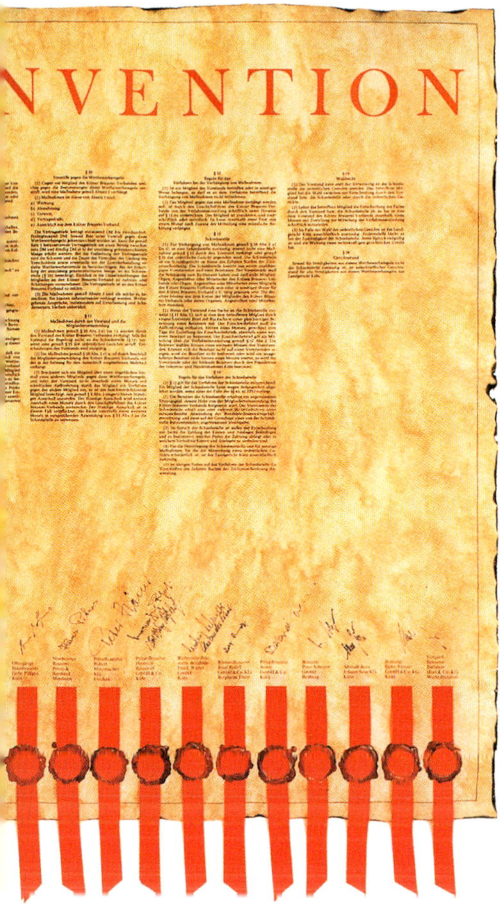

Päffgen in der Friesenstraße. Auf der anderen Seite haben sich Konzentrationen und Zusammenschlüsse ergeben. Zur Holding Brau & Brunnen gehören neun Kölsch-Marken. Dom- sowie die Töchter Giesler- und Rats-Kölsch werden in Bayenthal gebraut. Kleinere Marken wie Severins-Kölsch oder Schreckenskammer-Kölsch werden im Lohnbrauverfahren bei größeren Brauereien gebraut; das heißt, eine Brauerei wird beauftragt, ein Bier nach der Rezeptur einer anderen Brauerei zu brauen.

Die 16 Gebote des Kölsch

Am 6. März 1986 treffen sich 24 Brauer im exklusiven Hotel Excelsior in der Mitte von Köln. Mit von der Partie ist der Oberbürgermeister der Stadt. Es wird ein Tag, der in die Brauerei-Geschichte Kölns eingeht. Die Kölsch-Konvention ist unterschriftsreif, und sie soll unterzeichnet werden. Man hatte ausgeklüngelt. Auf höchster europäischer Ebene in Brüssel fanden geheime Konferenzen statt. Absprachen waren getroffen worden.

»Kölsch muss Kölsch blieve!« Das war die Devise. Und es geschah. Schütze ich Deinen Parmesan, so achte Du meinen Champagner. Darauf trinken wir ein Kölsch. Das war ein Coup: Die Kölsch-Konvention! Kölsch wird an diesem 6. März 1986 zu einem Qualitätsprodukt mit lokaler Herkunftsbezeichnung. Seit dem 1. Januar 1999 ist es nach europäischem Recht eine qualifizierte geografische Angabe. 24 Kölsch-Brauereien unterzeichnen die Kölsch-Konvention und verpflichten sich, die 16 Paragraphen einzuhalten, die Kölsch zum Kölsch machen. 24 Brauereien dürfen Kölsch brauen: 13 Brauereien innerhalb der Stadtgrenzen Kölns, elf Brauereien, namentlich benannt, im Kölner Umland. Will eine auswärtige Brauerei ihr Bier Kölsch nennen, so ist dies unmöglich. Darüber wacht das Bundeskartellamt in Berlin mit Argusaugen. Kölsch wird in Köln gebraut. Will eine Brauerei den Namen ihres Kölsch mit Zusätzen versehen – beispielsweise Ur-Kölsch, Super-Kölsch, Bergisches Kölsch, Kölsch spezial oder gar Düsseldorfer Kölsch –, so ist dies verboten. Will eine Brauerei ihr Kölsch in anderen Gläsern servieren lassen als in der Kölner Stange, so kann sie sich die Kosten dafür getrost sparen. Sie darf es nicht.

Und das ist Kölsch:

Kölsch ist ein »nach dem Reinheitsgebot hergestelltes, helles, hochvergorenes, hopfenbetontes, blankes obergäriges Vollbier«.

Kölsch ist ein helles Bier, da helles Malz verwandt wird, im Unterschied zu den dunklen Biersorten wie Altbier oder dunkle Weizenbiere.

Kölsch ist ein hochvergorenes Bier, oft sogar ein endvergorenes Bier: Fast alle oder alle in Lösung befindlichen Stoffe werden vergoren.

Kölsch ist ein hopfenbetontes Bier: Kölsch glänzt durch seinen feinherben Hopfengeschmack. Dank der obergärigen Brauart ist es gleichzeitig fruchtig und süffig frisch.

Kölsch ist ein blankes Bier. Seit den zwanziger Jahren wird Bier filtriert, da sich der Verbrauchergeschmack dahingehend geändert hat. Kölsch Wieß war out, Kölsch war in.

Kölsch ist ein obergäriges Bier, weil zum Brauen obergärige Hefe benutzt wird, nach guter alter kölscher Tradition.

Kölsch ist ein Vollbier. Es hat einen Stammwürzegehalt von 11–14 Prozent und damit einen Alkoholgehalt zwischen 4,7 und 5,1 Volumenprozent.

Und dass Kölsch nach dem Deutschen Reinheitsgebot gebraut wird, das versteht sich von selbst.

Kölsch es kölsch und muss Kölsch blieve. Basta! Alles klar?

Kölsch

HAT ES IN SICH

Lieber Leser, Sie haben es gewiss bereits mitbekommen, am eigenen Leib erfahren, erspürt. Und Sie haben es gewiss auch schon geahnt, was wir Ihnen hier und jetzt ganz persönlich und offiziell mitteilen wollen: Kölsch ist gesund!!!

Ja, Kölsch ist gesund. Kölsch enthält Stoffe, die der menschliche Körper jeden Tag aufs Neue braucht!

Kölsch enthält Vitamine

Ganze Vitamin-Komplexe! Zum Beispiel Vitamin B1, B2, B6. Aber auch Biotin, Pantothensäure, Fol- und Nikotinsäure! Die Bierhefe bringt diese Vitamine ins Bier. Sie sind nicht nur gut zur Anregung des Stoffwechsels, sondern auch für eine schöne zarte Haut, starke Fingernägel oder den kräftigen Haarwuchs. Ihre Merz-Spezial-Dragees können Sie beruhigt gegen ein Glas Kölsch eintauschen.

Kölsch enthält Mineralstoffe

Molybdän, Fluor zur Kariesprophylaxe und vor allem Kalium, das uns so gerne zur Toilette treibt und die Nierensteine aus dem Leib.

Kölsch enthält Östrogene

... die dem Herrn zum Bauch und leichten Brustansatz verhelfen, den Damen über die Wechseljahre. Schuld daran ist der Hopfen. Denn die weiblichen Dolden des Hopfens enthalten soviel Östrogen, dass in früheren Jahren die Hopfenpflückerinnen beim Zupfen des Hopfens die Östrogene durch die Haut aufgenommen haben. Diese haben sich im Körper verteilt und den Hormonhaushalt der Damen vollkommen durcheinander gebracht. Hopfenzupfen – eine natürliche Art der Empfängnisverhütung und Osteoporose-Prophylaxe!

Kölsch regt den Appetit an, fördert die Verdauung und wirkt beruhigend zugleich. Kölsch ist ebenfalls gut bei Herz- und Kreislaufinsuffizienz. Kölsch ist gut zur Regeneration des kranken Körpers. Eine Flasche warmes Kölsch hilft garantiert bei Erkältungskrankheiten und bei Grippe – aber Vorsicht: im Wasserbad erwärmen und vorher den Kronkorken öffnen!

Kölsch ist gesund! Da kann einer sagen, was er will. Es ist nur noch eine Frage der Zeit, dass jeder sein Kölsch auf Rezept bekommt! Das werden himmlische Zeiten!

Bereits der griechische Philosoph und Historiker Plutarch wusste: »Kölsch ist unter den Getränken das nützlichste, unter den Arzneien das schmackhafteste und unter den Nahrungsmitteln das angenehmste!«

Und der berühmte Arzt Theophrastus Bombastus von Hohenheim, der jedem unter seinem Künstlernamen Paracelsus bekannt ist, hat es ja auch selbst gesagt: »Laßt eure Nahrungsmittel Heilmittel und eure Heilmittel Nahrungsmittel sein.«

Kölsch ist gesund!
Kölsch in Maßen
ist gesund –
Kölsch in Massen ...?

Sie sehen, lieber Leser,
Kölsch hat es in sich!

Petrus VON MAILAND UND KAISER Maximilian I

Vom Mittelalter bis zur französischen Zeit spielte sich das Leben der kölschen Handwerker ab in einem Dreieck zwischen Handwerk, Politik und Religion. Für jede dieser drei Ecken hatten sie Vereinigungen – Verbindungen, in denen sie ihre Ziele und Vorstellungen verwirklichten.

Für das Handwerk an und für sich waren sie vereinigt in den Zünften. Es gab 45 Zünfte. Zunft-Kölsch – kann man sich gut merken.

Für die Politik waren sie verbunden in den Gaffeln. Gaffel-Kölsch. Die Gaffeln waren der politische Arm der Zünfte sowie der Handelsherren und Kaufleute. Es gab 22 davon. In ihnen mussten sich die verschiedenen Zünfte aufteilen. Die Gaffeln hatten die Aufgabe, den Rat der Stadt zu stellen. Aus ihnen gingen die Bürgermeister hervor. Das Wort Gaffel kommt von Gabel. Die Gabel war zur damaligen Zeit ein Luxusbesteck. Damals gab es noch kein 24- und 36-teiliges Gold-, Silber- oder Cromarganbesteck in den Schubladen der Familie. Do jov et ne Löffel, do jov et ne Gaffel un dat wor et. Wenn das Familienoberhaupt starb, gab es den Löffel ab an den Stammhalter. Die Gabel war ein Standeszeichen; sie war zweizinkig – nicht wie heutzutage vierzinkig. Und die Gaffelherren mussten sie immer bei sich haben, wenn sie sich mit den anderen Gaffelherren im Gaffelhaus zum Gaffelherrenessen trafen. Wer sie vergaß ...

Die dritte Ecke – nach Handwerk und Politik – war die Religion. Jetzt kann man sagen, die Religion wurde repräsentiert vom Dom. Dom-Kölsch, auch ein sehr leckeres Kölsch. Für die Religion war diesmal nicht der Dom zuständig. Die kölschen Handwerker waren religiös in Bruderschaften untergebracht. Bruderschafts-Kölsch? Die kölschen Brauer waren vereinigt in der sogenannten Petrus von Mailand Bruderschaft, die, mit Unterbrechungen, vom Mittelalter an bis heute existiert. Das liegt vielleicht daran, dass jeder Kölsch-Brauer Mitglied dieser Bruderschaft sein muss. Petrus von Mailand ist der Patron der Kölsch-Brauer. Ihm zu Ehren feiern die Brauer jedes Jahr am 29. April in Sankt Andreas, der Patronatskirche der kölschen Brauer, die Brauermesse. Und danach geht es ab in eines der kölschen Bier- und Brauhäuser zum kräftig deftigen Brauermahl mit Kölsch.

Petrus von Mailand wurde 1205 in Verona geboren. Er war ursprünglich nicht katholisch, konvertierte aber recht früh und wurde 1221 Dominikanermönch. Er war ein hervorragender Prediger, Prior zweier Stifte, Großinquisitor und Missionar. Und auf einer seiner Missionsreisen wurde er auf dem Weg von Como – da, wo der Adenauer immer so gerne Boccia gespielt hat – nach Mailand von seinen ehemaligen Glaubensbrüdern ermordet – mit einem Schwertstreich in den Kopf und einem Dolchstoß in die Brust. Do wor er ne dude Mann. Da er sich auf dem Weg nach Mailand befand, heißt er Petrus von Mailand. Da er um seines Glaubens Willen ermordet wurde, heißt er auch Petrus Martyr, Peter der Märtyrer. Das Ganze geschah im April 1252. Innerhalb von elf Monaten war Petrus von Mailand ein Heiliger. Ich konnte mir gar nicht erklären, warum das so schnell ging, bis mich eines Tages die Frau eines Kölsch-Brauers – eben in Sankt Andreas – aufklärte. Sie erzählte mir:

Petrus Martyr über dem Eingang zum Früh am Dom.

Petrus von Mailand war ein Freund von Albertus Magnus, dem großen Gelehrten des Mittelalters, Professor an der Kölner Universität, die graue Eminenz in der Kirche. Er war ebenfalls ein Dominikanermönch. Als er hörte, dass sein Freund Petrus ermordet worden war, da ist er direkt von Köln nach Rom, in den Vatikan, zum Heiligen Stuhl, und hät zum Hillije Vatter jesat: »Hür ens, Innozenz! Der Pitter muss ävver ne Hillije wede!!!« »Jo«, hät der Innozenz jesat, »echte Fründe ston zosamme, su wie ene Jott un Pott!« – Daher han die Höhner dat Leedche jo. Und innerhalb von elf Monaten war der Petrus von Mailand ein Sankt! KuK – Kirche und Klüngel.

Maria mit dem Mantel, Altarbild in Sankt Andreas, gestiftet von Kaiser Friedrich III., unten rechts im Bild mit seiner Familie.

In der Kirche Sankt Andreas können wir ihn mehrfach bewundern. Die schönste Darstellung ist im rechten Seitenschiff zu finden, auf dem dreiflügeligen Altarbild »Maria mit dem Mantel«. Hier hält er zusammen mit dem Dominikus, dem Gründer des nach ihm benannten Dominikanerordens, Mariens Mantel. Er steht, vom Betrachter aus gesehen, rechts von der Maria und hält das Schwert in der Hand. Der Dolch sitzt tief in der Brust. Die klaffende Wunde am Kopf ist gut zu erkennen. Als Fachmann für Kopfverletzungen wenden sich viele Menschen an ihn bei Kopfschmerzen und Migräne. Das Altarbild ist übrigens eine jüngere Darstellung, da er sich das Schwert aus dem Kopf gezogen hat; das können Heilige ja. Eine ältere Abbildung erkennen wir an einem Altar in einer der kleinen Seitenkapellen.

Und vor allem hängt er als Relief über dem Haupteingang vom Brauhaus Früh: So ernst nehmen die Kölsch-Brauer ihren Patron. Da steckt das Schwert allerdings noch tief im Haupt von Petrus Martyr. Jahreszahl: 1252, sein Todesdatum.

Exkurs 1

Im Mittelalter gab es noch keine Fotoapparate. Richtig? Also mussten die Menschen der damaligen Zeit zusehen, wie sie der Nachwelt rein vom Äußeren her erhalten blieben. Diejenigen, die jet an de Fööss hatten und nit op bläcke Fööss durch Kölle jerannt sin, die konnten sich einen Maler leisten, der sie dann porträtierte, malte. Und wenn das Bild fertig war, konnte man es im Wohnzimmer an die Wand hängen und es jedem zeigen: »Luur ens, dat ben ich do bovven. Ne staaze Pooschte. Sün ich nit jot us? Ja, ja, dat ben ich!« Die Damen hätten natürlich gesagt: »Och, wat ben ich en lecker Mädche«, oder etwas Ähnliches. Die Reichen konnten sich einen Maler leisten, der sie verewigte.

Petrus von Mailand, im Vordergrund eine Gruppe kölscher Brauer.

Exkurs 2

Im Mittelalter gab es innerhalb der Kirche eine sehr interessante Institution, den sogenannten Persilschein. Diesen Persilschein konnte man erwerben gegen gutes Geld. Und sobald man ihn erworben hatte, war die Seele weiß. Man konnte wieder fröhlich sündigen. Der Schein wurde grau, dunkelgrau, schwarz. Mann oder Frau kaufte sich einen neuen Schein, man konnte wieder fröhlich sündigen, der weiße Schein wurde grau, dunkelgrau, schwarz. Und das ganze Spiel begann von Neuem. Und wenn man zur rechten Zeit einen Persilschein erworben hatte und starb, dann kam man direkt am Fegefeuer vorbei in den Himmel. Da stand dann der Petrus am Himmelspözje und fragte: »Hast du deinen Schein dabei? – Ganz schön angegraut, hättest du ja auch mal waschen können. Naja, kumm erin!«

Dieser Persilschein war der Ablass. Tetzel hat den verkauft – Luther war dagegen – Reformation – Gegenreformation – Dreißigjähriger Krieg. Und das janze Jemölsch begann. Diesen Persilschein konnte man aber nicht nur rein monetär erwerben, sondern man bekam ihn auch, wenn man der Kirche eine gute Tat tat. Eine solche ›gute Tat‹ bestand zum Beispiel darin, dass man dem Pfarrer, dem Priester einen schönen großen Schreibtisch schenkte. Oder indem man ein Wäscheschränkchen für die Haushälterin und die Kinder spendierte. Eine gute Tat war es auch, wenn für die Ausschmückung des Kirchenraumes ein Bild gestiftet wurde, zum Beispiel ein dreiflügeliges Altarbild. Dann bekam man einen Persilschein, und die Seele war wieder weiß.

Pfiffige Menschen haben damals Exkurs 2 mit Exkurs 1 verbunden. Sie haben der Kirche eine gute Tat getan, ein Bild gestiftet und sich ganz uneigennützig auf selbigem verewigen lassen. Das waren die Schlauen! Und so ist auch der Stifter des Bildes in Sankt Andreas, auf dem Petrus von Mailand zu sehen ist, auf jenem zu erkennen. Dieser Mensch ist dort mitsamt seiner Familie abgebildet. Sie knien gemeinsam vor der Maria, Mann und Frau haben ein Krönchen auf dem Kopf. Der Sohn der Familie trägt langes, kastanienbraunes Haar.

Wer war der Stifter des Bildes? Es war der Herr Kaiser. Nicht, wie Sie jetzt denken, der Herr Kaiser von der Hamburg-Mannheimer. Nein, das war der Herr Kaiser von den Habsburgern, und der war von Beruf Kaiser. Er hieß mit Vornamen Friedrich und mit Nachnamen der Dritte: Friedrich III., aus dem Geschlecht der Habsburger, Kaiser über das Heilige Römische Reich Deutscher Nation, der letzte Kaiser, der in Rom gekrönt wurde. Er ist auf dem Bild zu sehen mit seiner Gattin und seinem wohlgeratenen Sohn Maximilian, später selber von Beruf Kaiser. Maximilian der Erste, auch »der letzte Ritter« genannt, da mit ihm die Ära der Ritterspiele zu Ende ging. Sie stifteten den Dominikanern von Köln Ende des 15. Jahrhunderts dieses schöne kleine Bildnis.

Friedrich III. und Maximilian I., Vater und Sohn, waren Köln-Fans! Immer wenn es etwas zu tun gab in Köln, um Köln oder um Köln herum, sei es ein Scharmützel, ein kleiner Krieg, Reichstagseröffnung, Königs- oder Kaiserkrö-

nung in Aachen: vorher, nachher oder währenddessen kamen sie nach Köln und quartierten sich hier ein. Und zwar bezogen sie immer ein Quartier neben dem Gürzenich, dem gar köstlichen Tanzhaus der Kölner. Das brachte den großen Vorteil mit sich, dass sie nach Feierabend nur noch kurz über die Straße zu gehen brauchten, um in der guten Stube der Kölner mit den hübschen kölschen Mädchen zu schwofen – hückzedach heiß dat jo affrocke. Denn die beiden Kaiser, Vater und Sohn, waren keine Kinder von Traurigkeit. Ich meine, wenn ich mir dat Lissi von den Windsors so anluure, die süüt us wie ihre eijenen Hush-Puppies, die läss die Lefzen immer esu hänge. Die hat ja auch nun Ärger mit ihren Kindern und Schwiegerkindern, dat janze Jemölsch mit der Lady Di, der Furgie, dem Andrew, dem Scharles und dem Eddi. Ich sage mir aber immer wieder, hätte die Frau Queen ein wenig mehr während des Erziehungsurlaubs mit den Kindern gelacht, dann wären die ganz anders geworden. Doch wie gesagt, Friedrich III. und Maximilian I., Vater und Sohn Kaiser, waren keine Kinder von Traurigkeit, die ließen nichts anbrennen.

Wir schreiben das Jahr 1505. Es ist der 23. Juni, Reichstagseröffnung in Köln. Maximilian ist mittlerweile Kaiser, da Friedrich gestorben war. Und er hatte als Kaiser per Dienstvertrag die Aufgabe, regelmäßig den Reichstag über das Heilige Römische Reich Deutscher Nation zu eröffnen und zu leiten. Und dieser Reichstag fand 1505 in Köln statt. Also eröffnete er den Reichstag. Am frühen Nachmittag war er fertig. Das hatte den großen Vorteil, dass er am späten Nachmittag frei hatte. Da war er eingeladen auf ein Bankett vom Rat der Stadt Köln in eines der Häuser der beiden Bürgermeister am Neumarkt. Wenn berühmte Persönlichkeiten in der Stadt weilen, wird oftmals ihnen zu Ehren ein Bankett gegeben, und sie müssen sich in das Goldene Buch der Stadt eintragen. Das sollte auch an diesem 23. Juni 1505 geschehen. Maximilian eröffnete den Reichstag: »Hiermit ist der Reichstag eröffnet!« und ging in sein Quartier am

Gürzenich. Hier machte er sich noch ein wenig frisch, wechselte die Kleidung und ritt dann frühzeitig los mit seinem Tross. Er musste zum Neumarkt, und zwischen Gürzenich und Neumarkt liegt – richtig – die Schildergasse. Also ritt er mit seinem Tross die Schildergasse runter. Man unterhielt sich, man redete miteinander, man freute sich ob der Dinge, die da kommen würden. In anderen Worten: Mer wor jot drop und achtete deshalb nicht auf das, was sich oben am Himmel tat.

Dieser 23. Juni 1505 war ein heißer Tag, ein schwüler Tag. Über Köln zog sich ein furchtbares Gewitter zusammen. Und das entlud sich just in dem Augenblick, als sich Maximilian mit seinem Tross mitten auf der Schildergasse befand. Es regnete. Es stürmte. Es hagelte. It was rainig cats and dogs, wie die alten Engländer sagen. Und Maximilian hatte nichts Eiligeres zu tun gehabt, als sich unter den nächsten Torbogen zu stellen, um dort zu warten, bis das Gewitter vorbei war. Da stand er auf der Schildergasse vor einem Tor und wartete. Und wartete. Auf einmal öffnete sich die Tür hinter ihm. Ein Herr trat heraus, betrachtete sich die Figur, die da vor seiner Türe stand, von oben nach unten, von unten nach oben, lächelte und sagte: »Max, kumm erin. Mer han he jet ze süffele. Mer han he jet ze müffele. Un mer künne öntlich fiere he!« (Max komm herein. Hier gibt es etwas zu essen und zu trinken. Und wir können auch ordentlich feiern hier.) Maximilian wiederum betrachtete sich den Mann, der ihn da so respektlos ansprach, von unten nach oben und von oben nach unten, und meinte dann für sich: »Na ja, sieht gut aus. Stattliche, gut gekleidete Person. Ehrliches Gesicht. Warum nicht drinnen einen Kaffee oder Tee trinken? Besser, als sich hier die Füße nassregnen zu lassen.« Er rief seinen Tross herbei und ging mit seinen Bodyguards in das Haus hinein. Da war er drin. Da blieb er auch drin. Neun Stunden blieb er in dem Haus. Ganze neun Stunden! Der Rat der Stadt Köln, die beiden Bürgermeister haben Maximilian an diesem Tag nicht mehr gesehen!

Wo war er abgestiegen? Was war geschehen? Abgestiegen war er Schildergasse 96. Heute befindet sich dort das Kaufhaus für die Frau »emotions«. Bis 1928 befand sich dort ein wunderbares romanisches Doppeltreppengiebelhaus, das trotz Kölner Decke und herrlicher Wandtäfelung abgerissen worden ist. Was war das für ein Haus? Es war das Zunft- und Gaffelhaus der kölschen Brauer. Und die kölschen Brauer wussten die Gunst der Stunde zu nutzen, dass eine kaiserliche Hoheit vor ihrer Türe steht. Sie baten den Maximilian herein, rollten die Fässer mit bestem kölschen Bier heran, warfen den Ofen an, holten die Musik, die Quetsch, holten die schönsten kölschen Mädchen – und schon war die Fete im Gange. Dass der Maximilian nicht mehr auf das stiefe un staatze Bankett vom Stadtrat wollte, ist eine ganz klare Sache! Oder? Wären Sie ja wohl auch nicht gegangen! Also blieb Maximilian bei den kölschen Brauern.

Kaiser Maximilian I.

Das hatte Folgen. Allerdings nicht für Maximilian, auch nicht für die kölschen Brauer. Es hatte Folgen für die Stadt, die Stadt Köln. Denn Maximilian war nicht nur, wie sein Vater Friedrich, Köln-Fan. Nein. Er war jetzt Kölsch-Fan! Und er orderte, dass ihm jährlich zwei große Fässer kölsches Bier an seinen Hof geschickt werden sollten. Aber nicht, dass er bezahlen wollte. Nein. Auch die Kölner Brauer konnten sich freihalten. Bezahlen musste die Stadt Köln, der Steuerzahler. Die Rechnungen findet man heute im Historischen Archiv fein säuberlich aufgezeichnet in den Rechnungsdarlegungen der Mittwochsrentkammer, der damaligen Stadtkasse, die für die Bezahlung dieser Fässer kölschen Bieres zuständig war.

Maximilian I. und Köln: KuK Kaiser und Kölsch!

Beim Früh wird das Kölsch aus Holzfässern gezapft.

DER Köbes

Der Köbes ist ein Unikum in einem kölschen Bier- und Brauhaus. Er vereint viele Seelen in seiner Brust und hat doch nur eine. Man sollte es sich nie mit einem Köbes verderben, denn er schafft das herbei, wonach der Gast sich sehnt: das leckere Kölsch. Der Köbes ist Vater und Mutter, Seelsorger und Psychotherapeut, Arzt und Freund, alles zusammen in einer Person. Ihm ist der Kölsche genauso viel wert wie der Immi. Er weiß, was dir fehlt, und er weiß, wann du zuviel hast. Er nimmt dir das Geld ab und ist trotzdem grundehrlich. Ursprünglich waren die Köbesse die Pooschte, die Burschen, die Brauerei-Lehrlinge. Sie hatten nicht nur das Brauen zu lernen, sondern auch in der Schankstube ihren Dienst zu versehen, und dort lernten sie den Umgang mit den Mitmenschen.

Die kölschen Brauer waren seit alters her der Religion, der Kirche sehr verbunden. Die Brauherren waren meist wohlhabend und spendeten der Kirche gerne gutes Geld. Nun gehört zum Leben eines religiösen Menschen nicht nur der Besuch der Messe am Sonntag, sondern auch die Wallfahrt. Da Kevelaer und Neviges recht nah und nicht exklusiv genug waren, pilgerten die reicheren Kölner gerne nach Santiago de Compostella in Nordspanien, nahmen den Jakobsweg, auf dem sie als Belohnung eine

Jakobsmuschel erhielten. Die reichen Brauherren konnten diesen langen Weg per Kutsche erledigen. Aber ihre Lehrlinge wollten es ihnen gleichtun. Nur hatten sie kein Geld. Lehrjahre sind ja bekanntlich keine Herrenjahre. Und so mussten sie sich von Etappe zu Etappe hangeln und sich auf dem Weg ihr Geld verdienen. Sie verdingten sich dann einige Zeit in Wirts- und Gasthäusern und erledigten dort die Arbeit, die sie von Zuhause kannten: das Bedienen. Und so hieß es eines Tages in Köln: »Na Jung, jehs de wedder köbesse?« – Gehst du wieder auf dem Jakobsweg dein Geld verdienen? Das »köbesse« koppelte sich im Laufe der Zeit von der frommen Übung ab, ist aber dem Köbes als dienendes Faktotum in der Berufsbezeichnung erhalten geblieben.

Was der Köbes am Leib hat, das gehört ihm. In früheren Zeiten war es das blaue, wollene Kamisol, der blaue Wollpullover, gefärbt mit kölschem Blau – damals Waidblau, vom Waidmarkt, am Blaubach gefärbt. Blau war ja schon immer die Farbe des arbeitenden Mannes: Blue Jeans oder Blaumann. Heute trägt der Köbes gerne ein helles Hemd. Dem Köbes gehörte die Lederschürze, die die Hose davor bewahrte, vom Fässerschleppen zerschlissen zu werden. Was ihm nicht gehörte, früher, das war die Geldkatze, das Portemonnaie. Die gehörte der Geschäftsführung im Kontörchen. Die Köbesse sind die grundehrlichsten Menschen auf der ganzen Welt – heute. Damals war das vielleicht einmal anders, denn es gab in einem kölschen Brauhaus einen Begriff: »Schnall aff!!« Da war es mucksmäuschenstill in der Schankwirtschaft. Dann war der Köbes tatsächlich beim Klauen erwischt worden. Bei dem Ruf »Schnall aff!« der Geschäftsführung im Kontörchen musste die Geldkatze in null Komma nix dort liegen. Der Köbes bekam einen roten Kopf, der Gewinn war fort, perdu. Er konnte nach Hause gehen, a tschüß. Wenn er am nächsten Tag wiederkam und die Geldkatze zurückerhielt, war das Ganze vergeben und vergessen. Bekam er sie nicht zurück, war er fristlos entlassen.

WIE DER Köbes ZU SEINEM NAMEN KAM

Es begab sich zu der Zeit, als in Köln die Erzbischöfe noch das Sagen hatten. Da kam es einer Eminenz eines Tages in den Sinn, eine Altbier-Brauerei in Köln anzusiedeln. Dieses Ansinnen beleidigte natürlich die kölschen Brauherren, die dem Erzbischof sofort sein Deputat strichen. Als das letzte Pittermännchen ausgetrunken war, wurde ihm nur noch Wein serviert. Davon war der Erzbischof so gar nicht begeistert und schalt seinen Mundschenk, er solle doch endlich wieder ein leckeres Kölsch bringen. Dieser berichtete ihm von dem Streik der Kölsch-Brauer. Die Brauherren wurden ins Erzbischöfliche Palais zitiert, und ihnen wurde eine Standpauke gehalten, die sich gewaschen hatte. Die kölschen Brauer hörten sich alles an, blieben aber hart: keine Altbier-Brauerei in Köln, so die Forderung.

Der Erzbischof musste schlussendlich einsehen, dass er am kürzeren Hebel saß. Er überlegte und kam zu einem salomonischen Urteil: Es solle ein Wett-Trinken anberaumt werden. Jede der beiden Parteien solle den mächtigsten Trinker bringen. Wer die meisten Gläser des jeweiligen Bieres trank, war der Sieger. Es wurden Zeitpunkt und Ort festgelegt. Und wirklich: Der Tag kam. Die Niederrheiner brachten ihren größten Säufer. Nur die Kölner hatten noch keinen gefunden, der die Verantwortung auf sich nehmen wollte, für die Stadt zu trinken. Kurz vor dem Turnierbeginn trat ein kleines, spilleriges Männchen hervor, Jakob Fischer, Brauerei-Geselle in der Brauerei Scheben, und sagte: »Wenn sich niemand für das Wett-Trinken findet, so will ich es versuchen. Aber es darf mir keiner hinterher, wenn ich verlieren sollte, dafür die Verantwortung in die Schuhe schieben. Ihr hattet Zeit genug, einen anderen zu finden!« Die Kölner atmeten auf.

Jakob Fischer nahm am Biertisch Platz. Er rief noch schnell seinen Sohn zu sich, der ihm eine Phiole mit frischgepresstem Olivenöl gab, die er genüsslich austrank. Der Gong erschallte! Die ersten zehn Bier, 25, 40, 50, 60, 70, 75, 76 – der Düsseldorfer rutschte von der Bierbank in den Staub der Arena. 77 – Jakob Fischer trank sein letztes Glas aus, legte den Kopf auf den Tisch und schlief zwei Tage lang seinen Rausch aus. Aber: Er hatte ein Glas Kölsch mehr getrunken als der Düsseldorfer von seinem alten Bier – und somit für die Stadt gewonnen.

Die Düsseldorfer konnten wieder abziehen, die kölschen Brauer waren erleichtert, der Erzbischof zufrieden, bekam er doch jetzt wieder sein leckeres Kölsch – omsöns! Als Hommage für Jakob Fischer und zur Erinnerung an diese grandiose, heroische Tat, wurde von diesem Tag an in Köln den Braukncchten der Titel »Köbes« verliehen.

Thekenschaaf in der Brauerei Zur Malzmühle.

ET Theken-schaaf

In einem kölschen Bier- und Brauhaus gab es in früheren Zeiten nie eine Theke, einen Tresen. Die guten Bürgersleute haben ihr kölsches Bier immer im Sitzen genossen. Sie wurden bedient von den Köbessen, den Brauerei-Lehrlingen und -Gesellen. Beaufsichtigt wurden diese, wie auch die Zappese – die Zapfjungen –, von der Geschäftsführung. Die saß in einem von drei Seiten mit Glas umgebenen schrankähnlichen Gebilde: dem »Thekenschaaf« (Schaaf = Kölsch für Schrank), dem »Kontörchen« oder auch »Beichtstuhl«. Die offene Seite ragte ins Brauhaus hinein.

»Kontörchen« heißt der Thekenschrank deshalb, weil in ihm die Geschäftsleitung sitzt. Dort wird mit Geld umgegangen, die Köbesse rechnen ab, das Essen wird kontrolliert, die Schankstube kann von dort eingesehen werden u.s.w. Im »Beichtstuhl« sitzen sich zwei

Menschen gegenüber – die Geschäftsführung – wie in der Kirche der Priester und der Sünder.

Der gläserne Teil des Thekenschaafs ragte ursprünglich in einen Torbogen oder Hausflur. Durch diesen brachten die Fuhrleute die Rohstoffe zum Brauen von ihren Fuhrwerken in die Brauerei. Zur Straße hin befand sich immer das Brauhaus, im Hinterhof war die Braustätte zu finden. Die Fuhrleute konnten mit der Geschäftsführung, die wind- und wettergeschützt im Thekenschaaf saß, abrechnen, ohne dass diese die Braustube aus den Augen lassen musste.

In dem Torbogen, dem großen Hausflur, haben die Menschen ihr Kölsch im Stehen getrunken. Aber wer hat dort sein Bier getrunken? Es waren die Leute mit unehrenhaften Berufen: der Gewaltrichter, also die Polizei; der Scharfrichter, der Henker; die Totengräber; die Abdecker; die »Goldgräber«, die die Jauchegruben und Latrinen ausheben mussten und deshalb unangenehm rochen; es waren die Zuhälter mit den Damen; und es waren die Stadtsoldaten, die Roten Funken, mit denen die guten Bürger damals nichts zu tun haben wollten. Die Unehrenhaften durften auch nie aus intakten Krügen trinken. Diese mussten immer einen kleinen Riss, einen Ratsch, aufweisen, eine Ecke ausgebrochen haben. Daher die Ausdrücke »Jung, du häs en Eck aff« – »Mädche, du häs ene Riss in der Schüssel« oder »… ene Ratsch im Kappes«.

DIE Brauereien

Am 25. Juni 1985 veröffentlichte der Bundesanzeiger in seiner Ausgabe 113/85 die »Bekanntmachung Nr. 60/85 über den Antrag auf Anerkennung der Wettbewerbsregeln des Kölner Brauerei-Verbandes e.V. – Kölsch-Konvention«. Bis zum 31. Juni 1985 konnte gegen diese Bekanntmachung beim Bundeskartellamt Einspruch erhoben werden. Aber niemand rührte sich.

Hinter dieser nüchternen Überschrift verbirgt sich die für das kölsche Brauerei-Gewerbe wichtigste Urkunde seit dem Bestehen der Brauer-Gaffel. Ziel der Kölsch-Konvention ist, die Bezeichnung »Kölsch« als qualifizierte geographische Herkunftsbezeichnung zu schützen, ein den Grundsätzen lauteren Wettbewerbs entsprechendes Verhalten zu fördern und unlauteren Wettbewerb im Zusammenhang mit der Benutzung der Bezeichnung »Kölsch« entgegen zu wirken, insbesondere die Gefahr der Irreführungen und Verwechslungen sowie Missbräuche der Herkunftsbezeichnung zu unterbinden.

24 Brauereien haben sich der Kölsch-Konvention angeschlossen, Brauereien aus Köln und dem Kölner Umland. Sie alle haben eine Vergangenheit, eine Geschichte, die bei den meisten bis weit in das 19. Jahrhundert hineinreicht. Aber Traditionen vergehen. Neun Kölsch-Marken befinden sich unter dem Dach des großen Getränke-Konzerns Brau & Brunnen, zu dem renommierte Marken wie Jever oder Dortmunder Union Biere gehören. Hat ein solcher Konzern überhaupt ein Interesse an Kölsch und an seiner Kultur? Brauereien aufkaufen, schließen, die Produktion verlagern, die Grundstücke – oftmals Filetstücke für Baugrund – werden teuer verkauft. Saniert sich hier etwa ein Konzern auf Kosten kölscher Brauerei-Tradition?

Nicht zu vergessen die Arbeiter und Angestellten, auf deren Buckel saniert wird. Kölsch kommt in die Schlagzeilen, aber in die negativen! Das hat Auswirkungen auf den Markt.

Es ist klar, dass der Wettbewerb hart ist und an keiner Brauerei vorbeigeht. Konzentration und die daraus erfolgenden Synergieeffekte können positiv sein und auch Marken erhalten. Moderne Brauanlagen produzieren ein sauberes, qualitativ hoch stehendes Kölsch. Unseres Erachtens müssen sich die Brauereien Strategien ausdenken, die den unverwechselbaren Charakter der Marke herausstreichen und zugleich dem Kölsch als solchem Profil geben. Die Kölsch-Konvention bietet die Basis für ein getrenntes und doch gemeinsames Vorgehen unter dem Schutz des Kartellamtes! Warum präsentieren sich zum Beispiel die kölschen Brauereien nicht geschlossen auf der ANUGA? Die Gegner sind das Pils, das Weizenbier und das Altbier! Und deren Marktstrategien sind nicht zimperlich, sondern äußerst aggressiv, und sie drängen unablässig in den Kölsch-Markt.

Viel Spaß hat es natürlich gemacht, die Historie der Kölsch-Brauereien zu recherchieren. Die persönlichen Begegnungen mit den Geschäftsführern, den Verantwortlichen für Öffentlichkeitsarbeit und Marketing sowie den Braumeistern waren dabei sehr wertvoll und hilfreich. Vielen Dank für das aufgeschlossene Entgegenkommen. Spannend war es bei den Brauereien, die als eigenständiger Betrieb heute nicht mehr existieren. Die alten Braumeister und Geschäftsführer erzählten mit Wehmut von den alten Zeiten. Sie waren froh, wieder einmal über »ihre« alte Brauerei berichten zu können. Namen fielen, Fotos wurden gezeigt, Anekdoten erinnert – Vergangenheit, Geschichte wurde lebendig.

Geordnet ist dieses Kapitel nicht nach den Namen der Brauereien, sondern alphabetisch nach den Namen der Kölsch-Marken. Zusätzlich zu den 24 Kölsch-Konventions-Marken möchten wir noch die kleinen und nur an einem Ort ausgeschenkten Kölsch-Marken Schreckenskammer-Kölsch und Stecken-Kölsch vorstellen.

Bischoff Kölsch

Dort, wo bereits die Römer siedelten und die Kartäuser ein Stift besaßen, befindet sich heute mit der Privatbrauerei Bischoff die kleinste dem Kölner Brauerei Verband angeschlossene Brauerei. Im Weilerhof, auf historischem Grund am Rande von Hürth und Brühl – die Grenze zwischen Fischenich und Vochem verläuft mitten durch das Gelände des Hofes –, wird seit 1961 Bischoff Kölsch hergestellt.

Bei einem Brauereirundgang hat man das Gefühl, die Zeit sei stehen geblieben, denn es ist genau so, wie man es sich in einer Brauerei vorstellt: kupferne Bottiche und Pfannen, offene Gärung, kleine Filtration und Abfüllung. An 40 bis 50 Tagen im Jahr wird gebraut. Das Sudwerk fasst 65 Hektoliter Würze, woraus sich ein Jahresausstoß von ca. 3.000 Hektolitern ergibt.

Uns gefällt, dass Bischoff Kölsch, außer natürlich in Fässer, in Siphons abgefüllt wird (1 Liter, 2 Liter, 3 Liter), was einen erheblichen Aufwand an Personal und Zeit erfordert, aber beste Kölschkultur bedeutet!

Wilhelm Bischoff, der derzeitige Besitzer, hat seine landwirtschaftliche Ausbildung in Weihenstephan gemacht und leitet neben der Brauerei den familieneigenen Hof. Praktisch, denn so kann er die Gerste für das Malz im eigenen Betrieb anbauen. 1996 wurde die Brauerei grundlegend renoviert. Zurzeit wird eine von der Brauerei Maisel in Bayreuth erworbene Fassreinigung- und Fassabfüllanlage montiert. Geplant ist ein Brauereiausschank direkt auf dem Hof. Wir drücken die Daumen.

Nur an einer Stelle kann man Bischoff Kölsch direkt ab Fass trinken: in der »Margareten Klause« in Brühl.

Bürger Kölsch

Die Rheinische Bürger-Brauerei ist die jüngste unter den 24 Brauereien, die der Kölsch-Konvention angehören. Bis Mitte 1966 existierte in Euskirchen die Steffens-Brauerei. Sie hatte ihren Ursprung weit im 19. Jahrhundert und produzierte ausschließlich untergärige Biere, wie das Euskirchener Steffens-Pils. Diese Regionalbrauerei wurde von der Dortmunder Hansa-Brauerei aufgekauft, die sich wohl versprach, auf diese Weise in den Kölsch-Markt einzusteigen. Denn bereits zur Wende 1966/67 wurde das erste obergärige Bier – Bürger-Kölsch – gebraut. Die Brauerei selbst war mittlerweile in Rheinische Bürger-Brauerei umbenannt worden.

Aber die Freude währte nicht lange. Gegen die junge Brauerei wurde ein Kölsch-Prozess anberaumt, der klären sollte, ob in Euskirchen überhaupt Kölsch gebraut werden durfte. Da Prozessieren teuer ist und der Ausgang unklar war, gab man sich vorzeitig geschlagen. Die Dortmunder Hansa-Brauerei war mittlerweile über den Dr.-Oetker-Konzern der Dortmunder Aktien-Brauerei angegliedert worden. 1973 wurde die Rheinische Bürger-Brauerei von der Familie Harzheim gekauft, die Braustätte in Euskirchen geschlossen und veräußert. Bürger-Kölsch wurde seitdem im Lohnbrauverfahren in Dormagen gebraut und der Sitz der Brauerei 1976 dorthin verlegt. Heute wird Bürger-Kölsch im Auftrag von L&T bei der Richmodis-Brauerei in Porz gebraut.

Dom Kölsch

»Köln ist da, wo ein Dom steht!« So lautet der kesse Spruch auf den Werbetafeln und Plakatwänden. Beim Wort »Dom« ist der Kölner sensibel. »Wann ich so an ming Heimat denk un sin d'r Dom so vör mir ston«, textete Willi Ostermann in seinem Lied »Heimweh noh Kölle«. Und für viele Kölner ist das eine immer währende Wahrheit. Der Dom im Label einer Brauerei zeugt für Verbundenheit mit Köln und seinen Bürgern und zugleich für Weitblick über jeden normalen Kirchturm hinaus. Dom verpflichtet.

Am Anfang stand die Fusion zwischen den kleinen Hausbrauereien von Johann Joseph Creischer und Cornelius Schieffer in den siebziger Jahren des vorigen Jahrhunderts. Beide hatten ihren Sitz in der heutigen Alteburger Straße, als sie von Carl Göters gekauft wurden. Unter der Federführung der Gebrüder Steingröver wurden sie zur Hirsch-Brauerei Göters & Steingröver umgewandelt. Sie erwarben 1894 das Gelände einer ehemaligen Ziegelei und bauten dort unter den für die damalige Zeit modernsten Gesichtspunkten eine neue Brauerei. Schweren Schaden auf dem Brauereigelände richtete ein Tornado an, der am 7. August 1898 den Süden Kölns heimsuchte. Das im Bau befindliche Sudhaus wurde fast vollkommen zerstört. Seit 1900, nach Göters Ausscheiden, heißt die Brauerei nur noch Hirsch-Brauerei Cöln AG.

Wenige Straßenzüge neben der Hirsch-Brauerei, an der Alteburger Straße, lag das Gelände der 1873 gegründeten Cölner Aktien-Bier-Brauerei, Alteburg b. Cöln – übrigens die erste Aktien-Brauerei in Köln. Diese später in Rheinische Brauerei-Gesellschaft umbenannte Brauerei wurde 1918 übernommen. Hirsch-Gold-Export und Hirsch-Edel-Pils waren Qualitätsbiere

mit überregionalem Ansehen. Die Brauerei hielt diverse Depots in dem Dreieck Aachen-Düsseldorf-Altenkirchen/Westerwald. 1931 schloss sich die Hirsch-Brauerei mit der Adler-Brauerei zur Adler-Hirsch-Brauerei AG zusammen. 1935/36 wurde die Westmark-Brauerei Christian Sünner GmbH hinzugekauft, deren Kundenkreis sich aus der ehemaligen Apostelnbräu Heinr. Bädorf in Lindenthal und der Gambrinus-Brauerei Christian Sünner in Düren zusammensetzte. Die vereinigten Brauereien wurden durch die neuen Besitzer, die Gebrüder Funke aus Essen, in Dom-Brauerei Carl Funke AG umbenannt (seit 1938). Die Familie waren ehemalige Zechenbesitzer, die sich aus dem Steinkohlebergbau zurückgezogen hatten und nun in Essen (Stern-Brauerei) und in Köln ins Brauereigewerbe einstiegen.

Die Ursprünge der Adler-Brauerei liegen in Ehrenfeld, Subbelrather Straße 144–146. Hier gründeten die Gebrüder Dorn 1865 ihre Brauerei, die später von Quirin Lieven übernommen wurde. Aus der Fusion mit der 1872 gegründeten Köln-Niedermendiger Aktienbrauerei, die ihren Braubetrieb aus der Thürmchensgasse nach Ehrenfeld verlegte, entstand 1895 die Adler-Actien-Brauerei, Ehrenfeld.

Auch nach dem Zweiten Weltkrieg wurde auf dem heutigen Dom-Gelände wieder gebraut. Trotz starker Zerstörung gelang der Wiederaufbau. 1956/57 wurde die 100.000-Hektoliter-Marke überschritten. 1969 fusionierte die Dom-Brauerei mit der Hitdorfer Brauerei, zwei Jahre später – 1972 – mit der Stern-Brauerei, Essen. Weitere markante Daten: 1974 Einstellung der Produktion von untergärigem Bier in Köln. Sie wurde nach Essen verlagert. Damit wurde die

Dom
KÖLSCH

Brauerei eine rein obergärige Brauerei, die Dom-Kölsch und Stern-Kölsch herstellt. 1983 wurden über 500.000 Hektoliter Kölsch gebraut. 1994 übernimmt die Dom-Brauerei die in Frechen heimische Brauerei Robert Metzmacher mit ihrer Marke Rats-Kölsch als neue Tochter. Seit dem 1. August 1998 ist die Dom-Brauerei der größte Anteilseigner an der Privatbrauerei Giesler in Brühl.

Und wie sieht sich die Dom-Brauerei heute? Mit dem Wahrzeichen der Stadt Köln im Unternehmensnamen und im Markenzeichen fühlt sich die Dom-Brauerei seit ihrem Bestehen der alten Kölner Brautradition verbunden. Heute steht der Name Dom-Kölsch nicht nur in Köln, sondern auch weit über die Grenzen der Domstadt hinaus für beliebte Kölsch-Qualität. Eine repräsentative Umfrage unter den Hotellerie- und Gaststätten-Unternehmen in ganz Deutschland hat ergeben, dass Dom-Kölsch zu den zehn führenden Bier-Marken gehört – als einzige Kölsch-Marke ubrigens.

Dom-Kölsch wird seit Anfang 2001 nicht mehr in der Tacitusstraße, sondern auf dem Gelände der Küppers-Brauerei gebraut, das wiederum am 1. November 2001 von der Dom-Brauerei übernommen wurde. Diese hat viel Geld in eine eigene Schrotmühle und ein neues Würzekochsystem investiert. In einem schonenden Brauverfahren wird dort jetzt nach bestem Wissen und Gewissen der Braumeister Dom-Kölsch gebraut.

Dom-Kölsch entspricht ganz der kölschen und rheinischen Lebensart und Sprache. Es ist frisch und unverwechselbar süffig und herb zugleich. Das Hauptabsatzgebiet der Marke Dom-Kölsch konzentriert sich auf den Raum Köln-Leverkusen. Jedoch besteht eine verstärkte Nachfrage aus dem überregionalen Bereich wie Sylt, Hamburg, Frankfurt, Stuttgart und nicht zuletzt München. Dom-Kölsch, eine heimische und überregionale Bierspezialität. Dazu kann man nur sagen: Domjenuss vobis cum!

Früh Kölsch

»Der Kölner an sich verreist ungern«, so strahlt es mir mitten in der Eifel von einer großen Plakatwand entgegen. Und ich werde konfrontiert mit einem lecker gezapften Glas Früh-Kölsch. Das ganze Eifeler Pils ist mir egal. Meine Zunge bekommt Heimweh. Ich möch zo Foß nohm Früh jon. Geschickt wird man immer neu auf die knallroten, reduziert und intelligent gemachten Werbemotive auf Früh-Kölsch aufmerksam gemacht. Das Auge wird angelockt, man muss einfach hinschauen – und die Magensäfte fließen.

Marketing. Das war bereits eine Stärkc von Firmengründer Peter Josef Früh. 1904 gründete er seine Brauerei für obergäriges Bier nebst Brauerei-Ausschank und nannte das ganze Coelner Hofbräu. Das war stark. »Hofbräu« hört sich edel an. Hier hält man Hof, hier verkehrt der Hochadel. »Hof« hört sich an nach Höherem. Und dabei war es nur ein kleiner, feiner Trick, den Peter Josef Früh anwandte. Er nannte seine Brauerei nach der Straße, an der sie lag: Am Hof. Mehr ist nicht dahinter. Und doch hat dieses Wort bis heute an Image nicht verloren. Bereits 1895 hatte er in der Apostelnstraße 19 eine Brauerei übernommen. Dort hieß sie, entsprechend dem Straßennamen, Aposteln-Bräu. 1898 verkaufte er sie allerdings wieder an Heinrich Bädorf.

»Kölsche Klaaf, e kölsch Glas Beer, allezicks halt huh en Ehr« ist auf einer Postkarte aus dem Jahr 1898 mit einer Abbildung des Aposteln-Bräus zu lesen. Dieser Spruch ist noch heute das Motto eines jeden guten Brauhauses. Als reiner Kölsch-Brauer setzte Peter Josef Früh von

Beginn an auf Qualität. Durch ein neuartiges Filtrierverfahren und eine im Brauprozess differenzierte Hopfengabe braute er ein ›anderes‹ Kölsch, das sich geschmacklich von dem weiland dunklen und bitteren Kölsch abhob und sich noch immer abhebt. Früh-Kölsch ist unter den Kölsch-Brauereien das hellste Bier. »Je heller ein Kölsch, umso besser und leichter schmeckt es dem Verbraucher«, sagen die Brauer von Früh. Und es kommt vor allem bei den Zielgruppen Frauen und junge Leute an – so die Marktanalyse der Früh-Verantwortlichen.

Früh entwickelt sich in den sechziger Jahren von einer typischen und traditionellen Hausbrauerei zu einer beachtenswerten, regional bedeutenden Brauerei. Die Braustätte befindet sich heute nicht mehr in der City von Köln. 1988 wurde unweit der Regatta-Strecke am Fühlinger See eine neue, hochmoderne Braustätte errichtet. Im Jahr 1969 wurde zum ersten Mal die Flaschenbierproduktion aufgenommen. Im Jahr 1976 erreichte Früh einen Ausstoß von 100.000 Hektolitern, und 2003 wurde der Jahresausstoß von 450.000 Hektolitern erreicht. 1991 war Früh die erste Kölsch-Brauerei, die ein alkoholfreies Bier auf den Markt brachte. Das Hauptabsatzgebiet von Früh-Kölsch beläuft sich auf einen Radius von 200 Kilometern rund um Köln. Aber als Sortenspezialität kann man Früh-Kölsch in vielen Bundesländern kaufen und genießen. Die Brauerei beschäftigt etwa 100 Mitarbeiter und befindet sich noch immer in reinem Familienbesitz.

Die bekanntesten Schankwirtschaften sind – wer kennt sie nicht – Früh am Dom und Früh em Veedel, zwei Häuser, die der alten kölschen

Tradition des Bier- und Brauhauses, dem Brauerei-Ausschank, alle Ehre machen. Neben dem traditionellen Brauhaus, im gleichen Gebäude, gibt es übrigens seit 1998 den rustikalen Brauhauskeller und die etwas feineren Hofbräustuben im ersten Obergeschoss mit Blick auf den Dom und den Heinzelmännchenbrunnen. Denn: »Der Kölner braucht ab und zu richtig eins auf den Deckel«.

Gaffel Kölsch

Gaffel-Kölsch. Der Name dieser Marke erinnert an gute alte kölsche Tradition. Die Gaffeln waren der politische Arm der Zünfte und der Handelsherren Kölns. Mit dem Verbundbrief, der ersten demokratischen Verfassung der Stadt, übernahmen 1396 die Gaffeln den Rat der Stadt Köln, stellten sie die Bürgermeister und die Schöffen, die damaligen Richter. Es gab 22 Gaffeln, deren Wappen im heutigen Gaffel-Brauerei Spezialausschank am Alter Markt 20–22 bewundert werden können. Die Zunft und die Gaffel der kölschen Brauer waren von den Mitgliedern her identisch. Es war ein überschaubarer Kreis, der erweitert wurde durch nicht zunftpflichtige wohlhabende Bürger, die sich als Beigeschworene der Brauergaffel anschlossen. Das Gaffel-

Obergärige Brauerei

Fernsprech-Anschl. Nr. 78117 u. 78122

Jn der Gaffel m.b.H.

KÖLN - Worringen

SALZMAGAZIN 42 · POSTFACH Nr. 444

Postscheck-Konto: KÖLN Nr. 653 06

An
den Herrn Oberbürgermeister der
Stadt Köln
Baupolizeiverwaltung

Köln

Köln-Worringen 15.Juni 1942

UnsereHausgrundstücke

Köln Eigelsteine 41

&

haus stand an der Schildergasse 96, ungefähr dort, wo bis vor kurzem die Kaufhalle ihre Geschäftsräume hatte und sich heute ein Kaufhaus für die Frau befindet. Das Gebäude wurde leider 1928 abgerissen.

Der Standort der Gaffel-Brauerei ist die nördliche Altstadt, das Eigelsteinviertel. Hier, wo das Leben brodelt, wird eine der würzigsten und herbsten Kölsch-Marken hergestellt. Auf dem Betriebsgelände von Eigelstein und Am Salzmagazin wurde bereits nachweislich seit 1302 – mit Unterbrechungen – gebraut. Brauhaus Zum Leisten hieß die kleine Brauerei mit Schank wirtschaft, die um 1500 geschlossen wurde. Seit 1684 erhält das Haus Eigelstein 41 den schönen Namen Zur alten Gans. Eine eigenständige Brauerei wird an dieser Stelle wieder 1822 erwähnt. Diese wechselt mehrmals den Besitzer und wird 1908 von den Gebrüdern Becker übernommen. Sie bauen das Haus im Stile eines alten Zunfthauses um und benennen ihre Brauerei Obergärige Bierbrauerei In der Gaffel.

Die Gebrüder Becker betrieben im Norden Kölns, in Roggendorf-Thenhoven, einen Landhandel. Getreide, Dünger, aber auch Kohle waren ihr Metier. In Worringen besaßen sie eine Dachziegelei und ein Dampfsägewerk. 1884 hatten sie bereits in Dormagen eine Brauerei übernommen, und da lag es nahe, auch in Köln selbst eine eigene Brauerei zu erwerben. Die Obergärige Brauerei In der Gaffel war keine große Brauerei, aber sie machte sich einen Namen. 1929 war zu lesen: »Heuer wird hier ein mit den neuzeitlichen Brauerei-Einrichtungen hergestelltes süffiges hochprozentiges Glas Kölsch verabreicht, das einem bei bestzubereite-

ten Speisen so zunftgerecht schmeckt, wie anno dazumal (1505) dem Kaiser Maximilian im Festsaale der altehrwürdigen Brauergaffel«.

Die Zeit des großen Aufschwungs für die Gaffel-Brauerei waren die fünfziger und sechziger Jahre. Aus der Hausbrauerei wurde eine mittelständische Brauerei, die heute eine der profiliertesten Kölsch-Marken produziert. Sie wird nunmehr in der vierten Generation von den Brüdern Johannes und Heinrich Becker mit Erfolg geführt. 1998 wurde der Gaffel-Brauerei als Tochter die Richmodis-Brauerei angegliedert, die in Porz ihre Produktionsstätte hat. Wann wird Gaffel vom traditionellen Brauort Eigelstein dorthin ziehen? Platz ist vorhanden.

Der Gaffel-Brauerei Spezialausschank am Alter Markt.

Die Gaffel-Brauerei produziert, mit Ausnahme weniger Monate, in denen versuchsweise auch ein Pils gebraut wurde, nur Kölsch. Der Ausstoß an Gaffel-Kölsch beträgt ca. 480.000 Hektoliter im Jahr. Der Fassbieranteil beträgt 70 Prozent zu 30 Prozent Flaschenbier. 130 Mitarbeiter stehen in Lohn und Brot. Das Hauptabsatzgebiet ist der Regierungsbezirk Köln; Gaffel-Kölsch kann allerdings auch in der Eifel, im Westerwald, im Bergischen Land und der weiteren Umgebung genossen werden.

»Gaffel« ist ein Begriff, der mit Köln, der Stadt, seiner Geschichte und seinem Bier verbunden wird.

Ganser Kölsch

Damals: Das war eine freudige Überraschung! Als wir im Labor von Braumeister Kubny empfangen wurden, entdeckten wir sie sofort: Auf dem Tisch standen zwei Siphons! Zwei Liter groß, gefüllt mit Ganser-Kölsch. Das war ein Jubel, vertreten wir doch vehement, dass in der Gastronomie für kleinere Gruppen gut gekühlte Siphons in altkölscher Manier angeboten werden. Denn: Wenn das klassische Pittermänchen zu viel ist, kann man sich trotzdem auf diese sympathische Art leckeres Fassbier gönnen.

Eine Überraschung anderer Art ist, dass der geschichtliche Ursprung der Ganser-Brauerei im linksrheinischen Lechenich liegt, das heute zu Erftstadt gehört. Deutsches Brauhaus nannte Peter Ganser seine Brauerei mit patriotischer Sprachfärbung. Das war 1879. Und das Unternehmen hatte Erfolg! Auf der Messe in Straßburg wird 1900 das Bier der Brauerei Peter Ganser's Wwe Deutsches Brauhaus mit einer Goldmedaille ausgezeichnet.

Zur Bonner Straße hin entstanden neben dem Wohnsitz der Familie die Verwaltung des Betriebes und nach alter Tradition der Brauerei-Ausschank. Gebraut wurde auf dem Hofgelände dahinter. Dort befanden sich das Sudhaus sowie der Gär- und Lagerkeller. Im Hinterhof wurden die Fässer frisch verpicht, denn bereits damals wurde auf Sauberkeit geachtet.

1910 streckte die Familie Ganser ihre Fühler aus über den Rhein und erwarb in Leverkusen-Wiesdorf Neubauten einer Brauerei als zweite Braustätte. Der Erste Weltkrieg brachte für die aufstrebende Brauerei einen Stopp, eine Weiterentwicklung war ausgeschlossen. Ab 1919 wurde der Braubetrieb ganz nach Leverkusen verlegt, wobei der Betrieb in Lechenich noch als

Niederlassung genutzt wurde. Heute erinnert dort an die Brauzeit der Familie Ganser nur noch der Lagerkeller. Er steht unter Denkmalschutz. Im Ganser-Haus befinden sich Teile der Stadtverwaltung von Erftstadt. Vor Ausbruch des Zweiten Weltkrieges erreichte die Brauerei einen Ausstoß an Bier von 22.000 Hektolitern. Nach dem Krieg war man 1949 stolz auf den ersten Ausstoß von 8.200 Hektolitern. Das ist ein Unterschied! Die Ganser-Brauerei bleibt dem Prinzip des Privatunternehmens und der familiären Brautradition treu. Als Vertreter der vierten Generation leitet Peter-Josef Ganser das Unternehmen als führender Gesellschafter.

Der Jahresausstoß an Bier beträgt ca. 150.000 Hektoliter, davon sind ca. 80 Prozent Ganser-Kölsch. 65 Menschen sind in Brauerei und Verwaltung beschäftigt. Ganser-Kölsch wird aus feinstem Malz, edlem Hopfen und kristallklarem Wasser eigener Brunnen gebraut. Das Verhältnis Fassbier zu Flaschenbier beträgt 58 Prozent zu 42 Prozent. Braumeister Kubny garantiert den unverkennbaren Charakter von Ganser-Kölsch sowie gleichbleibende Qualität. Vergoren wird bei der Hauptgärung in offenen Gärtanks, die Nachgärung erfolgt in zylindrisch-konischen Tanks: Tradition und Moderne reichen sich die Hand. Das Absatzgebiet bildet der Wirtschaftsraum Köln und Gebiete außerhalb der traditionellen Kölsch-Region – sogar nach Düsseldorf wird Ganser-Kölsch geliefert.

Heute: Die Braustätte in Leverkusen ist verwaist. Ob hier noch einmal gebraut wird, steht in der Schwebe. Einzig existent ist die Verwaltung. Ganser-Kölsch wird nun im Lohnbrauverfahren in Köln-Mülheim bei der Bergischen Löwen-Brauerei hergestellt, das bedeutet: nach der traditionellen Leverkusener Rezeptur. Ansonsten soll sich nichts verändert haben. Wenn doch, werden dies die nächsten Jahre zeigen. Man hält sich bedeckt.

Kölsch im Siphon ist echte Kölsch-Kultur.

Garde Kölsch

Es gibt wohl kaum etwas Schöneres, als im Sommer bei strahlendem Wetter mit Freunden ein leckeres Kölsch in einem Biergarten zu trinken. Oder? Siegfried Harzheim hat diese Idee zum Konzept entwickelt. Als Herr über mehr als 30 Gastronomiebetriebe mit Außenbewirtschaftung, wie es in der Fachsprache heißt, ist es sein Wunsch, Garde-Kölsch dem Kölsch-Genießer im Freien anzubieten. Gleichzeitig ist er Geschäftsführer des Brauhauses Zur Garde in Dormagen.

Nur etwa 100 Meter nördlich der Kölner Stadtgrenze befindet sich das Gelände des Brauhauses. Zwei geschichtliche Linien führen zu der heutigen modernen Brauerei. Zum einen ist die Existenz der Brauerei bis in das letzte Jahrhundert nachzuvollziehen. Sie wurde damals von Heinrich Becker aus Worringen übernommen. Es ist der gleiche Heinrich Becker, der auch Ahne der heutigen Gaffel-Brauerei ist: Dormagener Aktien-Brauerei hieß sie damals. Sie wurde später an die Dortmunder Aktien-Brauerei verkauft. »Dormagener Aktien-Kölsch – ein Bier, das schlank hält«, versprach die Werbung. 1966 ging der Besitz der Brauerei in die Hände der Familie Harzheim über. Sie bildet den zweiten historischen Strang.

Neusser Straße 667 in Merheim: Im Lebensmittelladen von Mutter Harzheim wird neben Äätze, Bunne und Linse auch Bier verkauft. In den zwanziger Jahren wird der Bierverlag Nordsiek in Köln, Altes Ufer 57, gekauft, einer der ersten Bierverlage, die mit Versandbier Handel treiben: Fürstenberg aus Donaueschingen und Siechen-Tucher aus Nürnberg hatten hier ihre Exklusivvertretung. Zuerst mit dem Fahrrad, dann mit dem Pferdewagen wurde die Kundschaft prompt beliefert. Die Geschäfte liefen gut. Als die Dormagener Aktien-Brauerei 1966 zum Verkauf anstand, griff die Familie Harzheim zu. Eine alte Brauerei blieb so am Leben.

Kölsch war im Aufschwung, und Dormagener Aktien-Kölsch hörte sich noch zu sehr nach dem ehemaligen Dortmunder Besitzer an. Deshalb wurde die Marke Kess-Kölsch kreiert, benannt nach einem Tochterunternehmen, Kessler Getränke bei Rheda-Wiedenbrück in Westfalen. Das konnte nicht gut gehen, denn Kölsch-Liebhaber brauchen auch Tradition. Garde-Kölsch, das klingt schon viel besser! »Garde« erinnert an Fastelovend und an Köln. Seit 1979 ist Garde-Kölsch ein fester Begriff in der Kölner Bierlandschaft. Der englische Bier-Kenner Michael Jackson schreibt in seinem Taschenführer »Bier«: »Jedes [Kölsch] kann als klassisches Kölner Bier bezeichnet werden, doch kann keines für sich in Anspruch nehmen, das Kölsch zu sein. Am nächsten kommt dem Ideal wohl das Garde-Bier. Es ist ein ausgesprochen fruchtiges Kölschbier und wird von einer alteingesessenen Privatfirma in Dormagen bei Köln produziert.« Übrigens: Damals braute in Dormagen eine Braumeisterin!

Werbung will gewagt sein.

Zur Zeit werden ca. 25.000 Hektoliter Kölsch gebraut. Garde-Kölsch kann man bis Bonn und in die Eifel hinein genießen. Hauptabsatzgebiet ist traditionsgemäß Dormagen und Umgebung sowie der Kölner Norden. 1976 stieß als Tochterbrauerei die Rheinische Bürger-Brauerei aus Euskirchen zur Brauerei Brauhaus Zur Garde. Die Produktion wurde nach Dormagen verlagert. Im Juni 1999 erfolgte der Verkauf von 97 Prozent der Anteile der Familie Harzheim an die Gebrüder Hans-Jürgen und Joachim Lütticke. Mittlerweile wird Garde-Kölsch im Lizenzbrauvertrag von der Richmodis-Brauerei in Porz gebraut. Hauptaktionär ist die Firma L&T.

Gereons Kölsch

»Umgeben von den Grünzonen der Müngersdorfer Park- und Sportlandschaft, kennzeichnet die Braustätte der Hubertus-Brauerei 100jährige örtliche Gewerbetradition im Gewand neuzeitlicher Industrie-Architektur.« Als die Festschrift »1000 Jahre Müngersdorf« im Jahre 1980 erschien, war die Welt der Hubertus-Brauerei noch in Ordnung. Gereons-Kölsch hieß die obergärige Marke, die in der Brauerei an der Aachener Straße 748–750 gebraut wurde, auf einem Gelände, das eine alte Brautradition nachweisen konnte.

Bereits im Jahr 1868 gründete der Ziegelei-Besitzer Carl Schmitz das Stammhaus der Brauerei am Rande von Müngersdorf. Das ausgehobene Ziegeleigelände bot genügend Platz zur Errichtung der unterirdischen Keller der Brauerei. Die verkehrsgünstige Lage an der Ausfallstraße Richtung Westen führte die Kundschaft und die Gäste an der Schankwirtschaft vorbei. Die Pferdebahn tat ihr übriges, die Kölner gerade an Sonn- und Feiertagen zu einem Ausflug zur »Schmitze-Brauerei« zu bewegen. Nach dem Tode des Gründers 1911 führte dessen Witwe die Brauerei bis 1922 weiter. In diesem Jahr verbanden sich drei Privatbrauereien zur Kölner Union-Brauerei AG. Es waren zum einen die Hubertus-Brauerei der Gutsherrenfamilie Immendorf aus Zündorf am Rhein. Zum anderen die Brauerei Karthäuser Bräu Gebr. Balchem der Familie Balchem, deren Sitz sich in der Severinstraße 15 befand. Das Haus Balchem – früher Haus Zum goldenen Bären genannt – ist heute immer noch ein bauhistorisches Kleinod. Christian Sünner, Brauer in Düren, war an der Gesellschaft beteiligt. Die C. Schmitz Brauerei-Gesellschaft mbH ist die dritte Brauerei im Bunde. Die Brauereien in der Südstadt und in Düren schlossen ihre Betriebe zugunsten der Müngersdorfer Braustätte.

1938 nahm die Kölner Union-Brauerei AG den traditionellen Namen Hubertus-Brauerei an. Es wurden Hubertus-Pils, Maternus-Hell und Alt-Kölsch (!!!) gebraut. Als Aufsichtsratsvorsitzender fungierte Dr. Josef Abs. Der Vorstandsvorsitzende Jacob Immendorf hielt die Kapitalmehrheit der Aktiengesellschaft. Nach seinem Tode gingen mehr als 50 Prozent des Kapitals an die Gebrüder Rolff über. Oskar Rolffs Ehefrau verkaufte nach dem Tode ihres Mannes den Majoritätsanteil der Hubertus-Brauerei an die Brauerei Wicküler aus Wuppertal. Dies geschah im September des Jahres 1978.

Im Zweiten Weltkrieg wurden die oberirdischen Betriebsgebäude nahezu vollständig zerstört. Die Kellereien waren weniger betroffen. Aber ein Neuaufbau konnte nur provisorisch erfolgen, da die nördliche Bauflucht der Aachener Straße noch nicht vollkommen festgelegt war. Aus diesem Grund wurden in den Jahren 1966 bis 1972 die oberirdischen Produktionsgebäude der Brauerei vollkommen neu errichtet. Damit Hand in Hand ging auch eine grundsätzliche Modernisierung der gesamten brautechnischen Einrichtungen und der maschinellen Anlagen des Unternehmens. Gereons-Kölsch war die bevorzugte Marke der Brauerei. Eine weitere Modernisierung und Kapazitätserweiterung fand unter der Regie von Wicküler ab 1978 statt: Statt offener Gärbottiche wurden geschlossene, liegende Gärtanks gebaut. Das weitestgehend automatisierte Sudhaus und neue Drucktanks aus VA-Stahl waren weitere wichtige

Es war einmal: Das Sudhaus der Hubertus-Brauerei an der Aachener Straße.

Schritte zur Vergrößerung von 100.000 auf 300.000 Hektoliter Leistung. Etwa 100 Mitarbeiter waren beschäftigt; der Bierausstoß betrug über 200.000 Hektoliter pro Jahr, einschließlich Sion-Kölsch. Die Wasserrechte für den 22 Meter tiefen Brauereibrunnen besaß die Hubertus-Brauerei übrigens noch aus preußischer Zeit. Wasser durfte aber nur zum Zwecke des Bierbrauens gefördert werden.

Ende 1978 wurde in Müngersdorf das erste Mal Sion-Kölsch gebraut, das bis dahin seinen Brau-Ursprung in der Malzmühle hatte. Sion war mit der Hubertus-Brauerei über Wicküler verschwistert. Die alte Traditionsmarke aus dem Herzen der Altstadt war für die Marketingstrategen wichtiger als Gereons-Kölsch oder Hubertus-Pils. Ende der achtziger Jahre wurden die beiden Marken aufgegeben. Eine über hundert Jahre alte Müngersdorfer Tradition fand ihr Ende.

Germania Kölsch

Es gibt Kölsch-Marken, bei deren Namensnennung der Kölsche nur den Kopf schüttelt, wenn man ihn danach fragt: »Kennst du Germania-Kölsch?« – »Nie gehört!«

Und doch gibt es Germania-Kölsch. In Köln ist diese Marke wohl deshalb wenig bekannt, weil sich ihr Hauptabsatzgebiet im Siegtal, im Westerwald und im Vorgebirge um Bornheim befindet. Germania-Kölsch wurde in Hersel – zwischen Wesseling und Bonn – gebraut. Etwa 200.000 Hektoliter pro Jahr produzierte die Brauerei; 60 Prozent entfielen auf Kölsch. Bis 1990 wurde in Hersel gebraut! Dann endete plötzlich ein Stück Brauereigeschichte des Vorgebirges. Die Sieg-Rheinische Germania-Brauerei wurde über Umwege – zwischenzeitlich gehörte sie zur Schloss-Brauerei in Homburg/Saar – an Brau & Brunnen verkauft. Die Produktion wurde nach Bonn zur Kurfürsten-Brauerei verlegt, die Brauerei dichtgemacht. Heute entsteht auf dem ehemaligen Brauereigelände ein Wohnpark, das alte Sudhaus wird zum Wohnhaus umfunktioniert. Nach der Schließung der Kurfürsten-Brauerei wird Germania-Kölsch jetzt in Mülheim von der Gilden-Brauerei gebraut und vertrieben. Germania-Kölsch gibt es nur vom Fass!

In jedem zweiten Vorgebirgsdorf gab es bis zur Mitte des letzten Jahrhunderts eine Brauerei. Sie wurde meist von einem größeren Bauern im Nebenerwerb betrieben. Voraussetzung zum Brauen war eine Kupferpfanne, die beheizt werden konnte. Der Ausschank des Bieres erfolgte in einem eigenen Schankraum; wer darüber hinaus einen oder gar mehrere Wirte mit seinem Bier beliefern konnte, der hatte schon einen sehr beachtlichen Brauereibetrieb. In Hersel bestand bis 1862 die kleine Brauerei Köhler. Sie braute

obergäriges Bier und versorgte das Dorf selbst sowie die nähere Umgebung bis Widdig mit ihrem Bier. Als der Besitzer Köhler sein Gewerbe aufgab, ließ sich der junge Bierbrauer Johann Theodor Claren in Hersel nieder. Er stammte aus Bornheim. Dort hatte er um 1852 in der Burgbrauerei bei einem bayerischen Braumeister die Lehre absolviert. Zur Fortbildung und damit Erweiterung seiner Kenntnisse arbeitete er anschließend in größeren Brauereien in Köln und Dortmund. Wichtig war, dass er sich dort auch mit Aufgaben der kaufmännischen Geschäftsführung und Betriebswirtschaft vertraut machte. Aus diesem Grund setzte er nicht den veralteten Betrieb der Brauerei Köhler fort. Er errichtete eine vollends neue Bierbrauerei. Gebraut wurde untergäriges ›bayerisches‹ Bier. Dieses Bier hatte seine besondere Qualität. Es setzte sich in Hersel, in den benachbarten Dörfern am Rhein und im südlichen Vorgebirge durch. Viele kleine bäuerliche Brauereien konnten dem Wettbewerb nicht standhalten und mussten schließen. Doch Claren wurde tatkräftig unterstützt von seinem Schwiegervater. Die Hochzeit mit Maria Magdalena Walburga Schüller, Tochter einer alteingesessenen und angesehenen Bauernfamilie, am 10. Oktober 1864 kann als Gründungstag der Herseler Germania-Brauerei angesehen werden. Aber auch Clarens Vater und Onkel standen dem jungen Unternehmer zur Seite: Sie lieferten in den ersten Jahren die selbst angebaute Braugerste. Am 23. März 1875 kam Johann Theodor Claren bei einem tragischen Unfall um Leben. Er wurde beim Auspichen eines großen Fasses von diesem überrollt. Nach seinem Tod führte die Witwe den Betrieb mit ihrem zweiten Mann, Gerhard Schumacher aus Hersel, fort.

Auf dem Briefkopf der Herseler Dampfbierbrauerei Fr. C. Schumacher aus dem Jahre 1895 erkennt man deutlich, dass sich die Brauerei zu einem ansehnlichen Unternehmen entwickelt hat: ein stattliches Betriebsgelände, die Schornsteine – Boten des Fortschritts – rauchen. Nicht nur, dass der Betrieb auf Dampfkraft umgestellt worden war, das Bier wurde auch in Flaschen abgefüllt und diese exportiert. Die Dampfmaschinen dienten der für den Betrieb notwendigen Kraft-, Licht- und Kälteerzeugung. Sie leisteten 50 und 120 PS. Dies alles zeugt von einer zukunftsweisenden Entwicklung der Herseler Brauerei um die Jahrhundertwende, die damals – 1904 – bereits die Firmenbezeichnung Germania-Brauerei Hersel führte. Im Jahre 1922 erfolgte der Zusammenschluss mit der Rhein-Sieg-Brauerei in Wissen an der Sieg. Der Firmenname wurde geändert in Sieg-Rheinische Germania-Brauerei AG. Kurze Zeit später erfolgte die Übernahme der Brauerei Jos. Breuer Söhne in Siegburg und der Kronenbrauerei Fußhöller & Co. in Eitorf an der Sieg. Die Aktiengesellschaft verfügte über zwei Braustätten in Hersel und in Wissen. Brauereieigene Niederlassungen gab es in Siegburg und Eitorf. Diese Konstruktion blieb bis 1990 bestehen. In Wissen wurde hauptsächlich das untergärige Germania-Pils gebraut; in Hersel Germania-Kölsch.

Giesler Kölsch

Mitten im Herzen von Brühl, nicht weit von der Fußgängerzone, hat die Brauerei Giesler ihr Betriebsgelände. Man erkennt sie bereits von weitem an ihrem markanten Brauereiturm, der die Silhouette der Stadt mit prägt. Er ist eines der ältesten Gebäude der Brauerei, das den Krieg überlebt hat. Mit Recht ist die Familie Giesler stolz auf ihr schmuckes Wahrzeichen.

In der vierten Generation wird das Unternehmen von der Familie Giesler geleitet. Bereits vor der Übernahme der Brauerei durch Friedrich Giesler sen. im Jahre 1874 gab es auf dem Gelände vor dem Uhltor eine Brauerei, die verschiedene Besitzer hatte. Verbrieft ist diese seit 1852. Ende des 19. Jahrhunderts übernimmt Friedrich Giesler jun. die Leitung des Betriebes: Friedrich Giesler'sche Brauerei zum Vorgebirge. Er ist es, der ein neues Sudhaus und vor allem den Brauereiturm bauen läßt, der bis heute erhalten ist. Mit Maschinenhaus und einer Anlage zur Herstellung von Kunsteis entsteht eine moderne Brauerei. Das Familienunternehmen nimmt dank guter Firmenpolitik und -führung einen kräftigen Aufschwung, der durch den Ersten Weltkrieg jäh gestoppt wird. 1917 schließen sich die Schlossbrauerei Brühl AG und die Friedrich Giesler'sche Brauerei GmbH zur Brühler Brauerei-Gesellschaften GmbH zusammen. Da aber »Giesler« in Brühl für Qualität bürgt, findet sich der Familienname bereits 1925 in der Brauereibezeichnung wieder. Neben traditionell obergärigem Bier wird seit 1934 auch das untergärige Clemens-August-Pils gebraut, benannt nach Kurfürst Clemens August, Lebemann und Genießer, Erbauer der Residenz Schloss Augustusburg. Schloss und Kurfürst fühlt sich die Brauerei bis heute eng verbunden. Nach dem Ende des Zweiten Weltkrieges ist man zuerst gezwungen, Bierersatzgetränke herzustellen, um dann 1948 erstmals wieder richtiges Bier zu brauen. Erfreulicher Nebeneffekt: Aus dem intakt gebliebenen Brunnen konnte die Brühler Bevölkerung mit dem Wasser versorgt werden. Von nun an ging's wieder bergauf: Erneuerung des Sudhauses, Kapazitätserweiterung, neue Läuterbottiche, das Absatzgebiet erweitert sich, der Bierausstoß steigt auf über 50.000 Hektoliter.

1953 wird in Brühl das erste Kölsch gebraut, das Giesler-Kölsch. Herbst 1966: Giesler-Kölsch wird als erstes Kölsch in Euro-Flaschen abgefüllt, die wiederum in genormten Kunststoffkästen transportiert werden können. 1973: Erweiterung des Gärkellers durch konisch-zylindrische Tanks. Offene Gärführung wird durch geschlossene Nachgärung und Reifung ergänzt. Tradition und Moderne treffen so in einer Brauerei optimal aufeinander. Seit Mitte der siebziger Jahre werden drei verschiedene Biere angeboten. Es werden die beiden obergärigen Biersorten Giesler-Kölsch und – tatsächlich – Giesler-Alt gebraut sowie in alter Tradition das Clemens-August-Pils. 1990 wird erstmals zusätzlich das Brühler leicht gebraut und angeboten, ein Schankbier, das dank geringerem Stammwürzegehalt auch weniger Alkohol enthält. Das Wasser zum Brauen erhält die Brauerei aus eigenen, 30 Meter tiefen Brunnen: frisches, mineralstoffhaltiges Eifelwasser, das unter der Ville in die Rheinebene drückt. Die hochwertige Braugerste für das Malz kommt vorwiegend aus Franken und der Eifel. Der Hopfen für Giesler-Kölsch muss aromatisch sein, damit das Kölsch mild, herb und süffig schmeckt. Deutscher Qualitätshopfen aus Süddeutschland ist zwar teuer, aber dafür unübertroffen gut.

Die Giesler-Brauerei ist ein mittelständischer Braubetrieb. In ihr werden ca. 70.000 Hektoliter Bier gebraut, davon zu etwa 90 Prozent Giesler-

Kölsch. 50 Mitarbeiter sind in Brauhaus, Verwaltung und Logistik tätig. Abfüllung: 70 Prozent Fass, 30 Prozent Flasche. Im Lohnbrauverfahren werden in der Giesler-Brauerei Schreckenskammer-Kölsch (siehe dort) und Schöffen-Kölsch gebraut. Schöffen-Kölsch ist allerdings seit dem 1. Januar 1996 nicht mehr auf dem Markt. Gehörte die Marke früher zur Schultheiß-Brauerei, so wurde nach der Übernahme von Schultheiß durch die Bitburger Brauerei das Brauen von Schöffen-Kölsch eingestellt.

Modernste Technik in denkmalgeschützten Gebäuden, das hat seinen eigenen Reiz! Vom Sudhaus bis zur vollautomatischen Abfüllanlage für KEG-Fässer und Flaschen. Die Giesler-Brauerei ist eine regional orientierte Brauerei. Das Kerngebiet für den Absatz liegt bei ca. 20 Kilometern im Radius um den Brauereiturm, aber bis weit ins Bergische Land und die Eifel kann Giesler-Kölsch genossen werden. Die Brauerei hat keinen eigenen, speziellen Brauerei-Ausschank, ist aber in Brühl und im Umland der Schlossstadt in Stätten gepflegter Gastlichkeit zu finden. Giesler-Kölsch ist ein mild-herbes obergäriges Bier, ganz in der Tradition kölscher Braukunst. Die beiden letzten Firmenführer Hartmut und Klaus Giesler leiteten die Brauerei im Geiste der Familientradition und dem ihnen stets eigenen Willen zum Fortschritt.

Mitte 1998 wurde die Giesler-Brauerei eine Tochter der Dom-Brauerei. 2001 wurde die Brauerei geschlossen. Giesler-Kölsch wird heute bei der Dom-Brauerei in der Alteburger Straße gebraut.

Gilden Kölsch

Gilden-Kölsch, das ist die Hausmarke der »Höhner«. Echte Fründe ston zosamme, su wie eine Jott un Pott. Eine Jahreszahl prägt neben den Bergischen Löwen das Etikett der Marke Gilden-Kölsch: 1296. Das ist eine stolze Zahl, so alt sind die »Höhner« natürlich nicht, auch wenn sie manchmal so aussehen – kaputt nach einem Konzert, von dem sie sich dann mit einem leckeren und süffigen Kölsch erholen.

1296 – einhundert Jahre vor dem Verbundbrief, mit dem sich die Kölner Bürger eine Verfassung für ihre Stadt gaben. 1296 – in diesem Jahr wird durch die Kölner Schreinsbücher das Gildehaus Ecke Unter Goldschmied/Große Budengasse erstmals eindeutig urkundenmaßig belegt. Die Gilden waren die Interessenvereinigung der Kaufleute und Handelsherren. Gilde-Kaufleute traf man in Brügge, Straßburg, Antwerpen, Venedig, Barcelona, Bergen. In London unterhielten die Kölner Handelsherren, geschützt vom englischen König, seit 1157 die Gildenhalle, den späteren hanseatischen Stalhof. Dort konnten sie ihren Geschäften nachgehen, kaufen und verkaufen zum Wohle auch der Vaterstadt. Die Gilden-Kölsch-Brauerei erinnert mit ihrem Namen und der Jahreszahl 1296 an diese alte Verbindung der Kölner Kaufleute: Weltläufigkeit und heimische Tradition in einem.

In der Stadt Mülheim am Rhein entstanden von 1869 bis kurz vor dem Ersten Weltkrieg vier mittelständische Brauereien. Von diesen blieb nach dem Krieg als einzige Brauerei die Braustätte von Gilden-Kölsch übrig mit Betriebsstätten in Köln-Mülheim und Köln-Höhenhaus. Sie firmierte damals unter Balsam-Bergische Löwen-Brauerei zu Mülheim und Höhenhaus. Das Unternehmen entwickelte sich blendend.

1924 gehörte die Brauerei bereits zu den führenden Brauereien Deutschlands. Der technische Fortschritt wurde konsequent genutzt, so dass im Laufe der Jahre auf modernstem Stand produziert werden konnte. Gebraut wurden Höhenhaus Pilsner, Balsamator Urbock, Mülheimer

Export – Namen, die in Vergessenheit geraten sind, damals aber einen erstklassigen Ruf genossen. Der Vertriebsradius der Biere reichte bis Düren und Aachen, Neuss und Düsseldorf, erfasste das gesamte Bergische Land bis weit hinter Solingen, das Siegtal bis Eitorf, den Westerwald bis Buchholz und Asbach, erstreckte sich im Rheintal bis Königswinter und Rolandseck, zahlreiche Orte in der Eifel nicht zu vergessen. Ein Absatzgebiet, das sich heute jede Kölsch-Brauerei wünschen würde. Diese kontinuierliche Entwicklung wurde durch den Ausbruch und die Zerstörungen im Zweiten Weltkrieg jäh beendet. Der Betrieb lag fast völlig in Trümmern. Es bedurfte harter und beschwerlicher Aufbauarbeiten, um die Betriebsstätte wieder produktionsfähig zu machen. Im Jahr 1946 konnte bereits ein Ausstoß von 20.000 Hektolitern verzeichnet werden – 62.000 Hektoliter weniger als vor dem Krieg, ein guter Anfang. 1950 wurde die 50.000-Hektoliter-Marke erreicht; 1976 wurden etwa 200.000 Hektoliter Gilden-Kölsch gebraut. Bis zum Ende 1973 wurden neben Gilden-Kölsch weitere untergärige und obergärige Biere unter der Bezeichnung Gilden-Alt (!), Höhenhaus-Pils, Bergisch Löwen Spezial Export, Bergisch Weizen Malzbier und Höhenhaus-Urbock produziert. Diese Marken wurden aufgegeben: Seit 1974 wird ausschließlich Kölsch, Gilden-Kölsch gebraut. 1991 kam Gilden-Kölsch light auf den Markt; dieses Bier wurde aber bereits wieder aus der Produktpalette entfernt. Kernabsatzgebiet heute: Köln, Bonn, Erftkeis, Rhein-Sieg-Kreis, Rheinisch Bergischer Kreis und der Oberbergische Kreis. 1967 brachte sich die Brauerei in die Dortmunder Union-Brauerei AG ein. 1972 fusioniert diese mit der Berliner Schultheiss-Brauerei AG zur Dortmunder Union-Schultheiss Brauerei AG. 1988 wurde der Konzern umfirmiert in Brau & Brunnen AG. Seit dem 1. September 1993 ist die Gilden-Kölsch-Brauerei eine hundertprozentige Tochter der Brau & Brunnen AG im Kölner Verbund.

Trotz dieser Veränderungen bleibt Gilden-Kölsch eine der traditionsreichsten Marken in Köln, beliebt bei Alt und Jung. Und man darf wirklich sagen: Dat is ne jode Lade he!

Küppers Kölsch

Am Anfang war der Bierverlag der Witwe Lützenkirchen in der Holzgasse zu Köln. Dieser selbständige Bierverlag war die Interessenvertretung der Wicküler-Küpper Brauerei AG in Elberfeld und Barmen. Hier wurde Pilsener und Export Bier in die Flasche abgefüllt. Untergärige Biere waren in Köln modern. Das Unternehmen erlebte einen guten Aufschwung. 1912 konnte bereits ein Grundstück in der Alteburger Straße erworben werden. Ein Jahr später begann eine rege Bautätigkeit. Der große Vorteil des neuen Geländes war, dass es einen eigenen Gleisanschluss an den Güterbahnhof Bonntor besaß. Die Fässer aus Wuppertal konnten auf dem Schienenweg schnell angeliefert werden. Große Keller erlaubten ab 1915 das Fassbiergeschäft, eine Umfüllung in kleinere Fässer war möglich. Die Wicküler Biere waren von den auswärtigen Bieren die beliebtesten und somit meistverkauften Biere in Köln. Neben den traditionellen Pferdegespannen wurden LKWs angeschafft, damals noch mit Vollgummibereifung, die im Laufe der Zeit die Kaltblüter mehr und mehr ersetzen sollten. 1939 wurde das Gelände zu klein. Es wurde an Erweiterung gedacht. Der Zweite Weltkrieg kam den Ausführungen zuvor.

Nach dem Krieg gab es in Bayenthal zwei große Baustellen. Die eine war das Krankenhaus Sankt Antonius, die andere war auf dem Gelände von Wicküler-Küpper. Eine Anekdote am Rande: Das mittelschwere Fuchsgespann war noch rechtzeitig vor der Bombardierung von

Bayenthal nach Düsseldorf-Oberkasssel evakuiert worden. Im Sommer 1945 kam es nach Köln zurück, auf dem Gespannanhänger befanden sich fünf Sack Zement als Hilfeleistung der Oberkasseler Brauerei. 1952 wurde das letzte Pferdegespann ausgemustert. Schade!

Nach dem Zweiten Weltkrieg hatten zwei Strömungen in Köln Auswirkung auf den Biermarkt. Die Kriegsheimkehrer identifizierten sich in einem sehr hohen Maße mit obergärigem Kölsch – das Bier der Heimat. Es erfolgte ein enormer Aufschwung im Fassbiergeschäft. Ende der fünfziger Jahre betrug der Marktanteil von Kölsch immerhin 50 Prozent. Die zweite Strömung war die Hinwendung zur Flasche. Flaschenbier war vor dem Krieg das Bier der Betuchten. Der normale Kölsche holte sich den Haustrunk per Kanne oder Siphon aus der Kneipe. Das Fernsehen begann seinen Siegeszug in den deutschen Wohnzimmern. Ein leckeres Kölsch aus der Flasche mit Salzgebäck auf dem Nierentisch

versprach das Paradies für den Konsumenten. Und genau an diesen beiden Punkten stieß Wicküler-Küpper in eine Marktlücke. Am 20. Mai 1962 wurde die neue Marke Küppers-Kölsch auf den Markt gebracht. Die Brauerei selbst nannte sich Küppers-Kölsch AG. Gebraut wurde im Lohnbrauverfahren – nach eigenem Rezept – in der Brauerei Peter Josef Früh, Am Hof, da Küppers selbst noch keine eigene Braustätte besaß. Musste das noch per Hand abgefüllte Flaschen-Kölsch der anderen Kölsch-Brauereien nach sieben bis acht Tagen getrunken sein, so hielt sich Küppers-Kölsch mehrere Wochen, wie untergäriges Bier. Es wurde in »allermodernsten Anlagen unter strikter Einhaltung der Sterilität« abgefüllt. Vorher wurde es kurzzeitig pasteurisiert. »Küppers schmeckt aus der Flasche so gut wie vom Fass«, versprach die Werbung, und der Verbraucher kaufte.

Kaum war der erste Brauereiabschnitt beendet, so wurde bereits mit der Erweiterung begonnen. Der erste Probesud wurde im Mai 1964 in der neuen Brauerei vergoren. Vier Ausbaustufen

waren im Endeffekt nötig mit einer Gesamtbraukapazität von 1,4 Mio. Hektolitern, um der Nachfrage gerecht zu werden. Ende der sechziger Jahre wurde die Küppers-Kölsch AG als Tochter der Wicküler-Küppers AG unterstellt.

Unter der Federführung einer Kölner Brauerei kam es zum ersten Kölsch-Prozess. Küppers besaß bis 1964 keine eigene Brauerei. Per Gerichtsbeschluss sollte durchgesetzt werden, dass das Etikett von Küppers-Kölsch einen Aufdruck »gebraut in der Brauerei Früh« erhält. Die Braustätte sollte angegeben werden. Der Prozess zog sich bis zum Jahr 1964 hin. Inzwischen konnte die Brauerei eine eigene Braustätte innerhalb von Köln vorweisen, die Prozessgrundlage war nicht mehr gegeben. Der zweite Kölsch-Prozess wurde von der Küppers-Brauerei in Gang gesetzt. »Wer darf und vor allem wo darf Kölsch überhaupt gebraut werden?« Anlass war, dass eine Bonner Brauerei auf ihrem Etikett »Kurfürsten Kölsch aus Bonn« drucken ließ. Es kam zu einer gerichtlichen Verfügung, dass »aus Bonn« überklebt werden musste. Das salomonische Urteil des OLG Köln lautete: Kölsch muss innerhalb der Stadtgrenzen gebraut werden. Wer schon Kölsch auf dem Markt hat, genießt Bestandsschutz. Rücksicht genommen wurde auf die Belegschaften, und es sollte keine Härte in Bezug auf Umsatzeinbußen der Brauereien vorkommen. Dieses Urteil wurde in die Kölsch-Konvention von 1986 mit einbezogen.

Wicküler, und somit auch die Küppers-Kölsch-Brauerei AG, wurde an den niederländischen Brauereikonzern Grolsch verkauft. 1994 übernahm die Deutsche Brauerei Holding die Geschäftsleitung. Zum 1. November 2001 wurden das Gelände und alle Gebäude an die Dom-Brauerei verkauft.

Kurfürsten Kölsch

»Eine Brauerei im Herzen der Bundeshauptstadt – die Kurfürsten-Bräu AG Bonn«, so lautet die Überschrift eines Artikels in der Werkszeitschrift der Dortmunder Union-Schultheiss-Brauerei AG aus dem Jahre 1981. Für den Kölner ist es vielleicht ein wenig befremdlich, dass ein leckeres Kölsch auch außerhalb der Stadtgrenzen gebraut wird, und dann auch noch in Bonn, das man wohl wahrnimmt, aber höchstens in der Politik. Und doch hat Bonn eine alte Brautradition, zumindest was die Kurfürsten-Bräu AG betrifft, die bis ins 14. Jahrhundert zurückverfolgt werden kann. Das ist bemerkenswert.

Erstmalig wird auf dem Gelände, auf dem die Brauerei stand, im Jahre 1385 ein Brauhaus Zum schwarzen Bären erwähnt. Es lag bezeichnenderweise direkt neben der Pfarrkirche Sankt Remigius auf dem Römerplatz. Zu jeder Hausbrauerei gehörte damals ein Brauerei-Ausschank; der Besitzer war Brauer und Gastwirt zugleich. Der Gasthof und die Brauerei wechselten im Laufe der Jahrhunderte mehrfach den Besitzer. 1874 hieß er Franz Josef Gervers. Mit ihm begann die neue Zeit. Er verlegte 1879 die Bierproduktion – wie auch die mittlerweile zugehörige Eishandlung – und siedelte beide auf ein eigens hierfür gekauftes Gelände um: Bornheimer Straße 42–52 hieß die Adresse. Zu Beginn der neunziger Jahre erwarben die miteinander verschwägerten Herren Peter Doetsch jun. und Josef Kallfelz die Brauerei, die sie dann wiederum am 1. September 1897 in die neugegründete Aktiengesellschaft Bürgerliches Brauhaus Bonn einbrachten. Das Bürgerliche Brauhaus Bonn war ein Zusammenschluss von drei renommierten Bonner Brauereien, die auf diese Weise ihre Produktion wirtschaftlich optimieren

Ehemaliges Sudhaus der Kurfürsten-Bräu AG in Bonn.

wollten, um auf dem Markt wettbewerbsfähig zu sein.

Der Ausgang der beiden Weltkriege und die jeweils danach zu verzeichnenden Geldentwertungen haben das Schicksal und den Werdegang der Brauerei maßgeblich beeinflusst, weil durch die schwierige Versorgungslage keine vollwertigen Rohstoffe zur Verfügung standen. Die Folge hiervon war, dass der Ausstoß des Bürgerlichen Brauhauses Bonn nach den beiden Kriegen jeweils seinen tiefsten Stand erreichte. Hinzu kam, dass im Zweiten Weltkrieg die Produktionsanlagen sehr stark geschädigt wurden. Die Investitionen für die Erneuerung der gesamten Anlage überforderte die beiden Hauptgesellschafter, die Familien Wirtz und Lohmann. Im Jahre 1950 übertrugen sie die Aktien auf die Dortmunder Union-Brauerei, die dadurch Hauptanteilseigner an dem in der Bundeshauptstadt gelegenen Unternehmen wurde. Gleichzeitig änderte man den Namen in Kurfürsten-Bräu AG um. Die Investitionen der

Muttergesellschaft in Ausbau und stetige Modernisierung waren in den folgenden Jahrzehnten enorm. Es wurde auf die Qualität der Produktionsanlagen und der Rohstoffe großer Wert gelegt. Das zahlte sich aus. Die Produktion nahm ihren Anfang bei 15.000 Hektolitern pro

Jahr, um ihren Höchststand von 250.000 Hektolitern im Jahre 1980 zu erreichen. 1992 betrug der Absatz 157.000 Hektoliter, wobei 90 Prozent des Absatzes in der Gastronomie getätigt werden. Wurde nach dem Ersten Weltkrieg ein dunkles, süßes, obergäriges Bier – Knupp-Bier genannt –, ein Malzbier sowie Kölsch gebraut, so waren es in den sechziger Jahren Pils, Alt und natürlich Kölsch mit dem Namen Kurfürsten davor. Der Kölsch-Anteil betrug 70 Prozent.

Die Brauerei gehört seit dem 1. Januar 1993 zur Deutschen Brauerei Holding GmbH, einer hundertprozentigen Tochter der Brau & Brunnen AG. Die Kurfürsten-Bräu AG mit ihrer uralten Brautradition produziert die Kölsch-Spezialitäten Kurfürsten-Kölsch und Kurfürsten-Maximilian-Kölsch. Gebraut wird nicht mehr in Bonn, sondern in der Braustätte des Schwesterunternehmens Gilden-Kölsch-Brauerei in Köln-Mülheim. Das Absatzgebiet ist traditionell hauptsächlich der Raum um Bonn und das Vorgebirge, aber auch das Gebiet um Bedburg. Ebenso kann man in Köln Kurfürsten- bzw. Kurfürsten-Maximilian-Kölsch genießen.

Überaus sympathisch ist der auf dem Kölsch-Markt selten zu findende Bügelverschluss des Kurfürsten-Maximilian-Kölsch. Der Charakter der beiden Kölsch-Marken wird von der Brauerei für Kurfürsten-Kölsch mit hopfenbetont würzig angegeben, für das Kurfürsten-Maximilian-Kölsch mit hopfenmild, frisch und bekömmlich. Zwei leckere Kölsch-Marken, denn: Adel verpflichtet!

Mühlen Kölsch

Die Frische erkennt man am Hals.

Wenn man in Köln nach der Malzmühle fragt, wird einem wohl jeder den Weg weisen. Die Brauerei Zur Malzmühle am Heumarkt 6 ist eine Institution in Köln, eines der originellsten Bier- und Brauhäuser, aus der Stadt nicht wegzudenken.

Die Malzmühle ist benannt nach der alten Ratsmalzmühle, die von 1572 bis 1853 vor der Einmündung des Duffesbaches in den Rhein betrieben wurde. Malz durfte nur ungemahlen in die Stadt eingeführt werden. Und die Stadt Köln achtete genau darauf, wer braute und wieviel Bier gebraut wurde. Das Malz wurde von Beamten gemahlen. Es musste mit einer hohen Besteuerung von der Stadt gekauft werden. Das Brauen für den Eigenbedarf war steuerfrei. Die Braumeister in den Familien waren die Frauen, die immer dafür zu sorgen hatten, dass genug Bier zur Verfügung stand. Und Frauen waren es auch, die immer wieder maßgeblich die Geschicke der Brauerei Zur Malzmühle lenkten.

Im Jahre 1858 wurde zum ersten Mal an dem heutigen Standort der Brauerei gebraut: Malzextrakt-Dampfbrauerei Hubert Koch, Cöln, lautete der Name der neuen Brauerei, wobei »Dampf« für die Art des Heizens des Sudkessels steht. Hubert Koch hieß der Gründer und Besitzer der Brauerei. Sein Sohn Jakob Koch ließ sich die Spezialität, das Koch'sche Malzbier, patentieren! In einer Sonderbeilage des Kölner Tageblattes vom 15. Dezember 1929 ist zu lesen: »Neben echt obergärigem hellen Kölsch stellt diese Brauerei nach einem besonders geschätzten Verfahren Kochsches Malzextrakt-Bier her, das besonders von ärztlicher Seite hoffenden und stillenden Frauen sowie Blutarmen als wertvolles Nähr- und Kräftigungsmittel empfohlen wird. Das Kochsche Malzextrakt hat sich seit Jahrzehnten einen Ruf weit über Kölns Weichbild hinaus erworben.«

1912 ging die Brauerei in die Hände der Familie Schwartz über. Der neue Besitzer Gottfried Josef Schwartz war ein gelernter Brauer. Er gab der Brauerei den heutigen Namen: Brauerei Zur Malzmühle. Seine Witwe übernahm nach seinem Tode 1922 die Leitung des Unternehmens. Zehn Jahre später folgte ihr Sohn Hubert Josef Schwartz, der 1944 starb. Seine Witwe Sybille Schwartz hatte die Aufgabe,

Wer zur Malzmühle kommt, bekommt bereits am Eingang den richtigen Dreh.

in der schwersten Zeit, die das Unternehmen zu meistern hatte, die Zügel in die Hand zu nehmen. Es gelang ihr mit großem Einsatz, den Betrieb zu retten und die Produktion neu zu beginnen. Das völlig zerstörte Brauhaus musste wieder aufgebaut werden, die Brauanlagen mussten komplett instand gesetzt werden. 1948 gab es wieder frisches Mühlen-Kölsch. 1952 wurde das Brauhaus erneut eröffnet, wenn auch nur einstöckig. Zwischen 1958 und 1960 führte Theodor Josef Schwartz das Unternehmen. Nach seinem Tod musste wiederum eine Frau das Ruder in die Hand nehmen: Anneliese Schwartz. Sie stand 35 Jahre der Brauerei vor.

Die Brauerei Zur Malzmühle wuchs unter ihrer Leitung zu einer modernen Brauerei. 1964 ließ sie ein neues Sudhaus errichten. Die zur Zeit modernste Flaschenabfüllanlage auf engstem Raum ging 1994 in Betrieb. Gebraut wird weiterhin in offenen Gärbottichen. Moderne und Tradition unter einem Dach. Seit 1995 führt Josef Schwartz in der vierten Generation den Betrieb.

In der Malzmühle gibt es noch eine mittlerweile selten gewordene Besonderheit, die sowohl »Bichtstohl«, »Kontörchen« als auch »Thekenschaaf« genannt wird. Dies ist ein schrankähnliches Gebilde, von drei Seiten mit Glas umgeben, eine Seite offen. Vom Bichtstohl aus hat die Geschäftsführung einen guten Blick auf die Schankwirtschaft. Gleichzeitig kann der Zappes kontrolliert werden, und der Köbes rechnet hier ab. Der Fassbierverkauf und die Reservierungen der Tische werden von hier aus erledigt. Schön beschreibt dies Adam Wrede in seinem kölschen Wörterbuch unter dem Stichwort »Thek«: »erkerartig vorgebauter oder nischenförmig ausgesparter Sitz in der Wirtsstube altköln. Bierhäuser zum Ausschank hin; hier sitzen Wirt u. Wirtin und passe(n) op alles op un maache Häufjer, schichten die Jröschelcher und Märkelcher openander.«

Eine weitere Besonderheit ist das Abrechnungssystem. Die Köbesse kaufen für sich im Kontörchen Biermarken: runde, dünne Münzen mit einem Loch in der Mitte und der Aufschrift: »Brauerei Malzmühle Köln – Gut für 1 Bier«. Die Anzahl wird festgehalten. Gibt der Köbes eine Marke im Kontörchen ab, erhält er dafür ein Mühlen-Kölsch, das er seinem Gast an den Tisch bringt. Diese Abrechnung läuft nicht über die Registrierkasse. Es kann trotzdem bei der Tagesendabrechnung festgestellt werden, wieviel Kölsch verkauft wurde.

Die Brauerei Zur Malzmühle ist eine mittelständische Privatbrauerei in Familienbesitz. Sie beschäftigt 30 Mitarbeiter, ohne die Schankwirtschaft. Der Ausstoß beträgt ca. 40.000 Hektoliter im Jahr, wobei das Verhältnis von 75 Prozent Fassbier zu 25 Prozent Flaschenbier beträgt. Bis 1978 wurde in der Brauerei Zur Malzmühle im Lohnbrauverfahren auch noch Sion-Kölsch gebraut. Mühlen-Kölsch wird bewusst in die ›alte‹ Euroflasche abgefüllt, da diese den Charakter der Marke durch ihre rundere Formgebung unterstreicht. Man kann sich sein Mühlen-Kölsch aber auch in der Schenke in einen Siphon abfüllen lassen. Das Absatzgebiet ist ausschließlich Köln und Umgebung. Mühlen-Kölsch heißt das in der Brauerei Zur Malzmühle gebraute Kölsch seit 1958; vor dem Krieg war es ein Echt Kölsch. Der englische Bierpapst Michael Jackson charakterisiert es folgendermaßen: »Mühlen-Kölsch hat einen milden, abgerundeten Geschmack und ein warmes, würziges Aroma. Ein charakteristisches und süffiges Bier!« Wir sagen: Kompliment!

Päffgen Kölsch

Wenn der Kölner das Wort Päffgen hört, dann schnalzt er mit der Zunge, das Wasser läuft ihm als Kölsch im Mund zusammen, und er fühlt sich glücklich versetzt in die leicht rauchige Atmosphäre eines kölschen Bier- und Brauhauses.

Klein, aber oho! Die Hausbrauerei Päffgen ist die kleinste der Kölner Brauereien und führt seit 1883 das im Schilde, was sie tatsächlich ist: eine Hausbrauerei, typisch kölsch. So wie heute beim Päffgen war es seit Jahrhunderten in der Stadt. Vorne die Schankwirtschaft und hinten im Hof die Brauerei, die für den eigenen Ausschank produziert. Fehlt nur noch, dass die Köbesse, wie ehedem die Brauerei-Lehrlinge, tagsüber dem Braumeister zur Seite stehen und abends die Gäste bedienen. Aber das ist nun wirklich Vergangenheit.

Im Päffgen in der Friesenstraße 64–66 erlebt man – wie sonst in kaum einem kölschen Brauhaus –, dass jeder Mensch gleich ist. Hier gibt es keine Klassenunterschiede. Hier sitzt der Banker mit dem Rentner, die Hausfrau mit der Boutiquebesitzerin Stuhl an Stuhl, Tisch an Tisch. Oder man steht in der Schwemme und schaut dem Köbes zu, wie er einen Kranz mit köstlichem Päffgen-Kölsch zapft. Hier werden alle Sinne angeregt.

1883 wurde die kleine Brauerei in der Friesenstraße von Hermann Päffgen gegründet. Bis heute ist sie im Besitz der Familie. Brauen ist in der Hausbrauerei Gebr. Päffgen noch reines Handwerk: kupferne Kessel

Urkölsche Tradition: Der Köbes rechnet mit der Geschäftsführung im Thekenschaaf ab.

und Bottiche, offene Gärführung im Braukeller, Abfüllen per Hand in Holzfässer. Das hat hier nichts mit Nostalgie zu tun, sondern mit bester Kölsch-Tradition. Ca. 8.000 Hektoliter Kölsch werden so per anno gebraut und allein in Fässer abgefüllt. Päffgen-Kölsch selbst wird nur an wenigen Stellen in Köln gezapft. Das hindert aber niemanden, sich sein eigenes Pittermännchen am Hintereingang der Brauerei im Klapperhof zu kaufen.

Peters Kölsch

Wie fährt man am schönsten von Nippes aus nach Monheim? Über die Landstaße nach Langel, übersetzen mit der Rheinfähre nach Hitdorf. Und dann gemütlich nach Norden, bis man unvermittelt auf den Kölsch-Altbier-Äquator stößt.

Peters-Kölsch, das kühle Blonde aus dem hohen Norden der Kölsch-Region, wird in einer der kleineren mittelständischen Brauereien gebraut. Und es ist eine feine Brauerei, die neben Kölsch weitere Bierspezialitäten produziert. Das sehenswerte Sudhaus besitzt den Charme der dreißiger Jahre! Es blieb erhalten, als im Januar 1996 das neue Sudhaus in Betrieb genommen wurde. Bei den regelmäßigen Führungen ist es eine Attraktion. Der hochmoderne Gär- und Lagerkeller wurde bereits 1993 mit einem rauschenden Fest eingeweiht, an dem die Monheimer Bevölkerung regen Anteil nahm. So kann Braumeister Rolf Goebbels, ein geborener Bayer, gut seinem Handwerk nachgehen und seine Biere brauen.

Das Monheimer Brauereigewerbe ist fast so alt wie der Ort Monheim selbst: »Bier wurde in Monheim schon 1262 gebraut«, heißt es in der Geschichte des Niederrheins. Es war die Liebe zur Tochter des Bürgermeisters und Schöffen Plömacher, die Johann Adolf Peters aus Opladen nach Monheim ziehen ließ. 1763 legte er den Eid auf die »Freyheit Monheim« ab und wurde eingebürgert. Er war nicht nur Pächter des Fronhofes, sondern auch Brauereibesitzer. Dies geht aus alten Aufzeichnungen hervor, die von einer Kapitalgabe für den Guss einer Glocke berichten. Das Brauen hat in Monheim und innerhalb der Familie Peters eine lange Tradition. 1847 ist ein Jahr der Erweiterung und des Fortschritts: Der Bau einer Bierbrauerei, einer Malzdarre und einer Krautpresse (!) wird genehmigt. Die alte Hausbrauerei entsprach nicht mehr den Bedürfnissen. Mit der neuen Brauerei wurde die Kapazität so stark erweitert, dass nicht nur für die eigene Schankwirtschaft produziert wurde, sondern – und das ist bemerkenswert – Bier an andere Gaststätten abgegeben, ›exportiert‹ werden konnte. Und so ist es nicht verwunderlich, dass wiederum 29 Jahre später ein Umzug vor die Tore der Stadt nötig war. In der Nähe des Schlementurms wurde die neue Braustätte errichtet, dort wo sie heute noch steht. Untergäriges Bier wird gebraut. Das erkennt man an der Firmenbezeichnung: Bayrische Bierbrauerei & Eisfabrik. Der Familienname Peters hält 1890 ins Label Einzug. Zwischen 1928 und 1933 wird erneut umgebaut. Erweiterungsbauten sind notwendig. Die Brauerei wird zu einer der modernsten Braubetriebe der damaligen Zeit, die der Zweite Weltkrieg glücklicherweise fast vollständig verschont. 1953 übernehmen Maria Bambeck, geborene Peters,

und ihr Cousin Erich Peters von ihren Vätern den Betrieb. Seit 1965 firmiert die Brauerei unter Monheimer Brauerei Peters & Bambeck. Und ab dem 1. Oktober 1999 heißt sie nun endgültig Peters & Bambeck Privatbrauerei.

»Jede Zeit hat ihre Qualität«: Als Vertreter der vierten Peters-Generation wachen Hanns Bambeck und Hans Peters über die Qualität ihrer Biere und deren Positionierung im Markt. Bekannt ist Peters-Kölsch vor allem durch das hervorragende Gastronomiekonzept der Brauerei. Hauptabsatzgebiet ist das Dreieck um Köln, Düsseldorf und Wuppertal. Als repräsentativer Brauerei-Ausschank ist, neben dem Monheimer Hof, das 1994 eröffnete Peters-Brauhaus in der Mühlengasse zu Köln anzusehen. Es steht auf dem brauhistorischen Boden des Brauhauses Zum Kranz.

Für Flaschenkinder gibt es seit Mitte Juni 1999 Peters-Kölsch in einer Plopp-Flasche mit Bügelverschluss (!), vorgestellt im Peters-Brauhaus. Eine sehr spezielle Art, sein Kölsch zu genießen.

Am 1. Juli 2004 wurde die Brauerei vom Kölner Verbund übernommen und die Braustätte in Monheim geschlossen. Wieder ist ein Kölsch gestorben.

Rats Kölsch

Frechen ist bekannt durch seine Keramik. Der feine Frechener Ton eignet sich hervorragend zur Gestaltung von Fliesen und vor allem Krügen. Die Frechener Schnelle und die Bartmann-Krüge sind historische Trinkgefäße, die die Stadt bekannt gemacht haben. Eine Spezialität aus Frechen ist das Rats-Kölsch, das bis 1994 in der Brauerei Robert Metzmacher gebraut wurde. Seit 1723 hatten die Familie und deren Vorgänger das Braurecht. »Gebraut wurde« muss geschrieben werden, da seit diesem Jahr die Brauerei in den Besitz der Dom-Brauerei übergegangen ist und Rats-Kölsch jetzt in Bayenthal gebraut wird. Jedem Freund von Rats-Kölsch darf aber gesagt werden: Rats-Kölsch ist Rats-Kölsch geblieben.

Es wird zwar in einer anderen Anlage gebraut. Der neue und auch der alte Braumeister haben aber alles getan, dass Rats-Kölsch seinen ihm eigenen Charakter behält. Selbst der scheidende Frechener Braumeister Berchtenbreiter kann keinen Unterschied sehen, riechen oder schmecken. Die Menschen aus Frechen und Umgebung, die die Brauerei besuchen und Dom-Kölsch und Rats-Kölsch nebeneinander verkosten, merken den großen Unterschied zwischen den beiden Marken. Rats-Kölsch ist dunkler in der Farbe, herber und würziger im Geschmack. Rats bleibt Rats! Das garantieren auch die verantwortlichen Braumeister Pachale und Schneider.

Anna Margarete Metzmacher besaß in Frechen eine kleine Hausbrauerei mit Gasthaus auf eigenem Grundstück. Die Braurechte wurden ihrer Familie bereits im Jahre 1723 verliehen. Robert Metzmacher übernahm die kleine Hausbrauerei seiner Mutter und gründete

zusammen mit Ehefrau Katharina im Jahre 1879 mitten im Herzen von Frechen seine eigene Brauerei. In Frechen entwickelte sich die Tonröhren- und Braunkohle-Industrie. Mit zunehmender Einwohnerzahl musste die Brauerei mehrmals vergrößert werden. Der Durst der Arbeiter war groß. 1886 wurde der erste Dampfkessel zum Betrieb der Sudpfanne fertiggestellt. Um die Jahrhundertwende findet sich die Firmenbezeichnung Dampfbier-Brauerei Robert Metzmacher. Neben dem Heizen kann Dampf auch Kälte-Kompressoren zur Herstellung von Kunsteis antreiben. Lindes Kühlmaschine macht es möglich, dass auch in Frechen untergäriges Bier, Johannis-Bräu, gebraut wird. Schon früh erkannte die Firmenleitung die Bedeutung des Absatzes von Flaschenbier. 1924 hatte die Brauerei Metzmacher auf der ANUGA einen eigenen Messestand.

1931 verstirbt der Firmengründer Robert Metzmacher im Alter von 78 Jahren. Die Brauerei bleibt in der Hand der Familie. Die Anlagen werden kontinuierlich erweitert und modernisiert. Nach dem Zweiten Weltkrieg geht das Brauen weiter. Wie Dr. H. Wirges aus Frechen in seinem Buch schreibt, gehörte die Brauerei Metzmacher wohl zu den wenigen Brauereien, die unter englischer Besatzung, als sogenannter NAAFI-Betrieb, für die Besatzungstruppen brauen durften. Das Bier hatte einen Stammwürzegehalt von immerhin acht Prozent, das einem Volumen-Alkoholgehalt von etwa 2,6 Prozent entsprechen könnte.

Seit 1955 gibt es Rats-Kölsch. Der Ratsherr in seiner mittelalterlichen Robe bildet seitdem das Markenzeichen. Aber es gab auch ein Konradin-Kölsch, ein Kölsch, das unter diesem Namen für die bayerische Brauerei Eder in Großostheim bei Aschaffenburg im Lohnbrauverfahren hergestellt und abgefüllt wurde. Bis 1975 wurde in Frechen weiterhin untergäriges Johannis-Pils gebraut; die Produktion von Exportbier, Schankbier und Malzbier war schon in früheren Jahren eingestellt worden. Seitdem wird in der Brauerei Metzmacher nur noch Rats-Kölsch gebraut.

Rats-Kölsch ist ein dunkleres Kölsch, vom Geschmack her herber. Es ist ein Bier, dass zu seinem traditionellen Herstellungsgebiet bestens passt: bodenständig und spritzig, mit einem unverwechselbaren Charakter. Hauptabsatzgebiet ist Frechen und Umgebung.

Reissdorf Kölsch

Mit der Kölner Südstadt, dem Vringsveedel, verbindet man echt kölsche Kultur, Szene-Kneipen, Stollwerck und Fastelovend. Hier endet an der Severinstorburg der Rosenmontagszug. Hier, auf dem Chlodwigplatz, fand das große Konzert der »AG Arsch Huh« statt. Die alte Severinstraße ist die lebendige Hauptachse im Veedel. Hier gab es schon seit alters Brauereien und Brauhäuser, die ein leckeres Bier brauen oder auf ein süffiges kühles Glas einladen. Mit der Südstadt verbindet man Reissdorf-Kölsch, eine der profiliertesten Kölsch-Marken.

1994 konnte die Brauerei Heinrich Reissdorf, Severinstraße 51, ihr 100-jähriges Bestehen feiern. Sie gehört zu den wenigen Brauereien, die noch innerhalb der mittelalterlichen Stadtmauern brauen. Heinrich Reissdorf gründete seine Brauerei – auf Anraten seiner Söhne – am 4. September 1894. Von Beruf war der aus Zieverich bei Bergheim/Erft stammende Firmengründer ein Schneidermeister. Seine Spezialität waren Uniformen. Er brachte es, dank seines ausgezeichneten Rufes, zu Ansehen und Wohlstand. Und warum soll man nicht mal etwas Neues anfangen?! 50 Jahre alt war er, als er das Grundstück für seine Brauerei kaufte und die Obergärige Brauerei Heinrich Reissdorf, Cöln, zusammen mit seiner Frau Gertrud aufbaute. Sieben Jahre nach der Gründung verstarb Heinrich Reissdorf. Seine Frau und seine fünf Söhne setzten sein Werk fort und bauten die Brauerei weiter aus. 1923 wurde die Produktpalette erweitert um untergärige Biere wie Pils, Märzen und Export. Die Bezeichnung »Obergärig« verschwand aus dem Firmennamen. Der Kölsch-Freund sagt: »Leider«.

Die Brauerei Reissdorf gehörte ins Vringsveedel wie der Dom zu Köln (An Sankt Magdalenen, rechts im Bild Sankt Severin).

Reissdorf Echt Kölsch wurde von den einfachen Leuten am liebsten »en d'r Pooz«, in der ehemaligen Tordurchfahrt der Brauerei getrunken. Hier trank man sein Kölsch im Stehen, aber auch im Sitzen. Kam ein Fuhrwerk, wurden die Wandbänke hochgeklappt. Ross, Fuhrwerk und Kutscher konnten passieren. Der gute Bürgersmann saß im Saal, wurde bedient vom Köbes, der wiederum genauestens beobachtet wurde von der Geschäftsführung im Thekenschaaf. Ein großer Eisenofen stand in der Mitte des Saales. Auf ihm konnte der empfindliche Kölsch-Trinker sein Bier im Wasserbad magenfreundlich erwärmen. Ein zweiter Brauerei-Ausschank befand sich in der Hermann-Becker-Straße. Fuhrwerke brachten das Bier bis nach Bergheim, die Eisenbahn bis nach Essen und Krefeld. Das spricht für sich! Ein Kölsch kostete nur einen Groschen. 1936 füllte die Brauerei Reissdorf – als erste Brauerei in Köln – Kölsch in Flaschen ab. Die Goldenen Zwanziger Jahre gingen vorüber, das Dritte Reich brachte mit dem Zweiten Weltkrieg die Zerstörung der Brauerei mit sich. Am 2. März 1945 wurde die Brauerei bei einem Bombenangriff zu 90 Prozent zerstört, der Brauerei-Ausschank an der Severinstraße dem Erdboden gleichgemacht. Der

damalige Mitbesitzer Carl Reissdorf kam noch am letzten Kriegstag ums Leben. Ävver mer Kölsche mer klävve wie d'r Düvel am Levve. Mit einfachsten Mitteln und viel Organisationstalent wurde der Braubetrieb wieder in Schwung gebracht. Der eigene Brunnen der Brauerei war zum Glück intakt geblieben. Mit ihm konnte für die Wasserversorgung des ganzen Veedels gesorgt werden! Die ersten nach dem Krieg gebrauten Biere erhielten in Köln die schönen Bezeichnungen Hopfenblümchen und Gerstenstroh. Das erste in der Brauerei Heinrich Reissdorf gebraute Bier hieß Colonia Quell. Da die Engländer knauserig mit den Braurohstoffen waren und kein Vollbier gebraut werden durfte, waren dies Dünn- oder Ersatzbiere, die nur erahnen ließen, wie ein leckeres Kölsch schmeckt. Das änderte sich nach der Währungsreform schlagartig. Es ging stetig aufwärts. Der Wiederaufbau der Brauerei gelang: Ab dem 28. Juni 1948 produzierte die Brauerei Reissdorf ein Einfachbier mit zwei bis vier Prozent Stammwürze; zehn Monate später ein Lagerbier; und ab August 1948 ein Vollbier als Pils, Export und Kölsch, dazu ein dunkles Schankbier.

Seit Anfang der siebziger Jahre wird ausschließlich Reissdorf-Kölsch gebraut und dem ursprünglichen Brauerei-Namen mit »Obergärig« traditionell Rechnung getragen. Reissdorf-Kölsch wird auch in Siphons abgefüllt! In Reissdorf-Schankwirtschaften, die mit der entsprechenden Apparatur ausgestattet sind, kann jeder Kölsch-Fan Reissdorf-Kölsch in seinen Siphon

abfüllen lassen und es zu Hause in Ruhe genießen. Reissdorf-Kölsch ist ein mild gehopftes Kolsch, etwas dunkler und mit einem angenehm runden Nachgeschmack.

In der Zeit nach dem Zweiten Weltkrieg und in den Zeiten des Aufschwungs führte die dritte Generation mit Hermann-Josef und Karl-Heinz Reissdorf den Betrieb. Heute steht die Brauerei unter der Obhut und Leitung der vierten Generation. Gebraut wird natürlich mit modernster Technik: Haupt- und Nachgärung erfolgt in geschlossenen ZKG-Tanks. Der Computer überwacht den Brauprozess. Die Verbindung von neuem technologischem Wissen und solidem Handwerk ist Fundament des Handelns der Brauerei Heinrich Reissdorf.

Die Brauerei beschäftigt um die 80 Mitarbeiter. Es werden ca. 650.000 Hektoliter Kölsch im Jahr produziert; der Fassbier- zum Flaschenbier-Anteil beträgt in etwa 30 zu 70. Das Absatzgebiet beläuft sich auf 100 Kilometer um den Schornstein, wobei naturgemäß Köln das Kerngebiet bildet.

Die Braustätte im Vringsveedel ist mittlerweile verwaist. Reissdorf-Kölsch wird in Rodenkirchen in einer neuen piekfeinen Brauerei gebraut.

Richmodis Kölsch

»Eher steigen meine beiden Pferde auf den Turm, als dass meine Frau lebendig vor dem Tore steht!« Kaum waren diese Worte aus dem Munde des Mengis von Aducht verklungen, da hörte er bereits ein lautes Getrappel auf der Treppe im Turm seines Hauses. Und alsbald konnten die Kölner Bürger zwei Pferdeköpfe durch die Luken schauend erkennen und ihr lautes Wiehern hören. Richmodis von Aducht war von den Toten auferstanden – scheinbar. Sie war, erkrankt an der Pest, scheintot beerdigt worden. Die vorschnelle Diagnose eines Arztes brachte sie in den Sarg, aus dem sie sich rechtzeitig retten konnte. Happy End.

Einen glücklichen Anfang hatte Friedrich Winter, als er 1874 aus der Aachener Gegend mittellos nach Köln kam und eine alte Brauerei, das Ursulabräu, pachtete. 1877 kaufte er das Stammhaus Winter in der Schildergasse 37 so-

wie einen großen Lagerkeller in Köln-Lindenthal. Friedrich Winter war ein Pionier des modernen, industriellen Brauens, gerade in Köln. Er wollte nicht nur die traditionell obergärigen Biere brauen. Er war einer der ersten Brauer, die sich auch an den untergärigen, bayerischen Bieren versuchten und sich durchsetzten. Seine neue, überaus moderne Brauerei baute er 1887 in Lindenthal (Linderhöhe), Classen-Kappelmann-Straße 26–28, die ständig nach den neuesten Gesichtspunkten der Brautechnik verändert wurde. Am 8. Februar 1930 wurde die Obergärige Bierbrauerei Franz Dünnwald Richmodisbräu, Ecke Herzogstraße 18/Perlenpfuhl, als Zweigbetrieb übernommen. Diese Brauerei wurde auf einer Zwangsversteigerung von der Familie Winter erworben: Ein Standort, der sich nach dem Krieg auszahlen sollte. Die neue Großbrauerei erreichte eine Gesamtkapazität von sage und schreibe 80.000 Hektolitern pro Jahr. In der damaligen Zeit war die Norm 3.000 Hektoliter. Winter Pilsener und Winter Münchener erreichten nicht nur anerkanntermaßen die Güte der Münchener und Pilsener Vorbilder, sondern erwarben sich zusammen mit dem Winter Export und dem Winter Doppel-Märzen immer mehr Freunde, wie der stetig steigende

Ausstoß zeigt. So lautete es freundlich in einem Artikel über die Brauerei Brauhaus Friedrich Winter, Köln. – Und wo blieb das Kölsch? Auf einem Foto aus den zwanziger Jahren liest man: »Echt Kölsch«. Na bitte, das gab es weiterhin.

Ein guter Unternehmer sorgt vor. Die Gewinne wurden zum Teil in die ständige Modernisierung und Erweiterung der Brauerei gesteckt, auf der anderen Seite in Grundstücke und Immobilien investiert. So konnte trotz Weltkriege und Weltwirtschaftskrisen das Unternehmen existieren. Friedrich Winter und auch seine Nachfolger legten großen Wert auf eigene Wirtschaften, möglichst in eigenen Häusern auf eigenen Grundstücken. Die Kneipen und Restaurants wurden vollständig von der Brauerei ausgestattet. Der Grundabsatz der Brauerei war mit der Belieferung gedeckt. Alles, was an Umsatz dazukam, war Kür, nicht Pflicht! Diese Firmenpolitik wurde beibehalten, bis die Brauerei 1968 aus Familienbesitz an die Königsbacher Brauerei in Koblenz überging, die wiederum seit Herbst 1992 zur Karlsberg-Brauerei in Homburg/Saar gehört. Im Zweiten Weltkrieg wurde die Brauerei in Lindenthal zerstört. Sie wurde nicht wieder aufgebaut, so dass der Brauerei nur die Braustätte in der Innenstadt verblieb. Verwaltung, Möbellager, Picherei, Schlosserei und KFZ-Halle blieben aber weiterhin in Lindenthal. Der Umzug nach Köln-Porz an die heutige Produktionsstätte mit moderner Brauerei und Abfüllanlage erfolgte im November 1993.

Der Ausstoß an Richmodis-Kölsch beträgt 35.000 Hektoliter im Jahr. 12 Mitarbeiter sind zur Zeit in der Brauerei beschäftigt. Das Absatzgebiet ist der Raum Köln, Rheinisch-Bergischer Kreis und Rhein-Sieg-Kreis. Es wird aber auch sehr stark in die Räume um Koblenz, Saarbrücken und Ludwigshafen geliefert, bedingt durch die Übernahme durch die Karlsberg-Brauerei, die aber 1998 endete. Seitdem gehört die Richmodis-Brauerei zur Gaffel-Brauerei.

Römer Kölsch

Die Anfänge der Römer-Brauerei liegen im Dunkeln. Man kann nur nachweisen, dass ihre Braustätte in Thorr bei Bergheim lag, einem kleinen Dorf in der Ebene der Erft, dessen Hauptstraße die Trasse einer alten Römerstraße war. Seit 1868 betrieb die Familie Roleff die kleine Land-Brauerei. Und wie bei allen anderen Brauereien auch, erlebte das Familienunternehmen einen betrieblichen Aufschwung. Man passte sich der Entwicklung an und nannte sich, bedingt durch den modernen Dampfkessel, mit dem nun das Sudhaus und die Brauerei betrieben wurden, Bairische Dampfbrauerei. Das machte etwas her im Dorf. Es gab wohl keinen eigenen Brauerei-Ausschank, dafür aber drei Gastwirtschaften, die höchstwahrscheinlich von der Brauerei beliefert wurden.

Das Gegenteil von Dampf ist Eis. Eis wird zum Kühlen der Gärkeller und des fertigen Bieres gebraucht. Demzufolge baute man 1910 einen Eisraum und Bierkühler an das bestehende Brauhaus. Josef

Roleff hatte mittlerweile die Geschicke des Betriebes in seine Hände genommen. Ölfeuerung, Fass- und Flaschenreinigungsanlagen sowie eine neue Abfüllanlage waren innovative Schritte in die Zukunft. Eine Zukunft, die in den achtziger Jahren auslief. Es wurden bis dahin ca. 30.000 Hektoliter eigenes Bier im Jahr gebraut und im Lohnbrauverfahren verschiedene Marken produziert: Augustus-Kölsch, Hahnen-Bräu Echt Kölsch, Grenadier-Kölsch, Kurfels-Kölsch.

Und genau dieses Los widerfuhr der Römer-Brauerei selbst. Mitte der achtziger Jahre wurde sie von der Dortmunder Aktien-Brauerei erworben. In der Mitte dieses Jahrzehnts übernahm die Privatbrauerei Sester die kleine Brauerei in Bergheim-Thorr. In der Gastronomie wurde die Marke gegen Sester-Kölsch ausgetauscht. Die 0,5-Liter-Dose wird im Handelsbereich als Billigmarke bei Aldi geführt.

Die alten Gebäude existieren heute noch. Sie werden von einer tschechischen Bildhauerin als Atelier genutzt. »Bleib der Heimat treu – trink Römer-Bräu«, ein Werbespruch aus der alten Zeit verhallt heutzutage ins Leere.

Sester Kölsch

Der Ursprung der Privatbrauerei Sester GmbH & Co. KG liegt in Widdersdorf, damals bei Köln. An der Stelle, wo bis vor wenigen Jahren der Widdersdorfer Korn hergestellt wurde, mitten im alten Ortskern, wurde im letzten Jahrhundert gebraut. Seit 1805 gab es dort eine Brauerei, die nicht nur

Der Welt wird verkündet: »Trink Sester, mein Bester«.

einen eigenen Ausschank betrieb, sondern auch Gaststätten in der unmittelbaren Umgebung belieferte. 1902 wurde die Brauerei von den Gebrüdern Sester übernommen. Bürgerliches Brauhaus Widdersdorf Gebr. Sester nannte sich das Unternehmen. 1918 kauften die Gebrüder Sester die GmbH-Anteile der Ehrenfelder Brauerei Kölner Brauhaus Vereinsbrauerei GmbH, Köln. Ihr Ursprung geht auf das Jahr 1896 zurück. Die Gründerfamilie Zündorf kam

mit dem Brauereibetrieb nicht zurecht, so dass sie den Betrieb 1904 an verschiedene Kölner Gastronomen verkaufte. Diese gründeten das Kölner Brauhaus, um den aus dem Ruhrgebiet und Bayern vorstoßenden Versandbrauereien eine Spitze zu bieten. Das Kölner Brauhaus musste im Ersten Weltkrieg wegen Rohstoffmangels stillgelegt werden. Nach dem Kauf der GmbH-Anteile und dem Verkauf der Brauerei in Widdersdorf begann der Aufbau der Sester-Brauerei. 1928 wurde das Kevelaer Brauhaus erworben und im gleichen Jahr ein modernes Sudhaus errichtet. Nach und nach wurde der Betrieb vergrößert und modernisiert. 1936 wurde die GmbH in eine offene Handelsgesellschaft umgewandelt. Nach dem Ausscheiden eines der Gebrüder war die Familie Hermann Sester alleiniger Besitzer.

Der Zweite Weltkrieg verschonte die Brauerei nicht, sowohl die Braustätten in Kevelaer als auch in Ehrenfeld wurden sehr stark beschädigt, ebenso die brauereieigenen Ausschänke. Die

Versandfässer waren in alle Winde zerstreut. Nach dem Motto: »Ärmel aufkrempeln, loslegen, aufbauen« gelang der Wiederaufbau in Ehrenfeld in kurzer Zeit. Es entstand eine moderne Brauerei, die sich sehen lassen konnte. 120 Menschen fanden in den siebziger Jahren bei Sester Lohn und Brot. Es gab damals noch einen eigenen Fuhrpark in Aachen, Grevenbroich und Blankenheim. Modernisierung und Rationalisierung ließen die Belegschaft jedoch auf 85 Mitarbeiter schrumpfen. Niederlassungen wurden aufgegeben.

Bereits vor dem Krieg waren jedem Kölner die Gespanne und Kraftwagen in den blauweißen Farben bekannt. Schwere Kaltblüter zogen die Gespanne mit den gewichtigen Fässern auf dem Wagen durch die Straßen der Stadt. Heute sind die Pferde und die Fuhrwerke im Bergischen Land bei der Firma Ihm untergebracht. Sie kommen allerdings als Gespann ab und zu zum Einsatz, beispielsweise als Zugpferde im Rosenmontagszug. Es ist immer wieder beeindruckend, in unserer hochtechnisierten Welt – im wahrsten Sinne des Wortes – lebendige Tradition zu erblicken. Genauso ist mir persönlich der prägnante Werbespruch »Trink Sester, mein Bester« noch gut im Ohr.

Der Weg der Brauerei Sester verliert sich 1992 im großen Konzern von Brau & Brunnen. Die Produktion wurde nach Mülheim verlegt, die Brauerei und die dazugehörigen Gebäude 1995 abgerissen. Sester-Kölsch wird in den kommenden Jahren nicht mehr als Fassbier abgefüllt werden. Die Gastronomie wird nach und nach auf Sion- oder Gilden-Kölsch umgestellt. Sester-Kölsch wird lediglich als Flaschenmarke weitergeführt.

Severins Kölsch

Tief im Westen, wo die Sonne versinkt, liegt nicht das von Herbert Grönemeyer besungene Bochum. In der geographischen Ellipse der Kölsch-Brauereien liegt als westlichste Braustadt Bedburg an der Erft, genauer deren Ortsteil Kirchherten. Severins-Kölsch wurde hier gebraut. Und man muss leider sagen »wurde«, denn seit 1978 lässt Peter Schopen, selbst gelernter Braumeister, sein Kölsch bei der Firma Sünner im Lohnbrauverfahren herstellen. Das 1964 neu errichtete Sudhaus existiert nicht mehr.

Mitte der siebziger Jahre überzog die Wicküler Brauerei die Brauereien im Großraum Köln mit Prozessen, in denen die jeweilige rechtmäßige Führung der Herkunftsbezeichnung gerichtlich geprüft werden sollte: Gebietsschutz. Die Brauerei Peter Schopen braute zu dieser Zeit Schopen Pils und Schopen Caramel Malz. Und sie hatte eine eigene Kölsch-Marke auf dem Markt. Teurere Prozesse hätte die Firma nicht überstanden. So wurde die eigene Bierproduktion stillgelegt und die Brauerei Sünner in Kalk als Brauerei des Vertrauens ausgewählt. Gleichzeitig wurde Severins-Kölsch als neue Hausmarke in das Sortiment aufgenommen. Der Name Severins-Kölsch ging aus einer internen Ausschreibung innerhalb des Betriebes und einiger Abnehmer hervor. Als Alternativvorschlag wurde Glocken-Kölsch kreiert und rechtlich geschützt. Getrunken wird Severins-Kölsch hauptsächlich im ländlichen Gebiet innerhalb des Dreiecks Aachen – Mönchengladbach – Köln; »30 Kilometer um den Schornstein«. Wie Peter Schopen meint, kommt der Geschmack seines Kölsch der Mentalität der Menschen auf dem Lande entgegen: ehrlich, klar und süffig.

Jährlich wurde Severins-Kölsch von der DLG (Deutsche Landwirtschaftsgesellschaft) und CMA (Centrale Marketingagentur) auf Qualität geprüft und ausgezeichnet. Die überaus zahlreichen Urkunden der Medaillen und Preise zieren die Wände des Betriebes. Die Firma Peter Schopen ist mittlerweile ein reiner Getränkefachgroßhandel und Gastronomieservice, in dessen Sortiment Severins-Kölsch eine eigene, aber auch eigenwillige Rolle spielt. Es ist die Hausmarke, die gepflegt wird. Something very special!

Eine eigene Produktionsanlage mit Mälzerei, Brennerei, Brauerei und Feldbrandsteinherstellung bildete das solide Fundament des 1839 in Kirchherten, Bezirk Cöln, angesiedelten Betriebes. Eine Familie Faßbender war der damalige Besitzer, mit der Familie Schopen verwandt. 1872 wurde die Brauerei von Wilhelm Schopen übernommen, die mit der Zeit als einzige der vier Betriebszweige übrig blieb. Seitdem ist sie in Familienhand. 1924 wurde das Bier des Betriebes zum ersten Mal ausgezeichnet. Auf der Rheinischen Gastwirte-Messe erhielt es die Goldmedaille. Die Brauerei wurde damals von Katharina Schopen geführt! Nach dem Wiederaufbau der zerstörten Braustätte und der gleichzeitigen Modernisierung wurden 1949 als erste Vollbiere Schopen Pils und Schopen Export gebraut; 1960 kam die Herstellung alkoholfreier Getränke hinzu. Seit 1954 wird Reissdorf-Kölsch vertrieben. 1968 übernahm die vierte Schopen-Generation mit den Brüdern Peter und Rudolf die Geschicke des Betriebes.

Dom – Severinsbrücke – Severins-Kölsch: Eine kölsche Trias.

Sion Kölsch

Welche Brauerei hat schon ihr Stammhaus im Herzen der Altstadt? – Sion-Kölsch. Sion-Kölsch: Das ist Tradition aus der Altstadt. Das ist Kölsch in seiner besten Art. Ein Kölsch mit Tradition.

Bereits im Mittelalter lässt sich nachweisen, dass an der Straße Unter Taschenmacher Brauer ihrem Handwerk nachgingen. In einer Anzeige der damaligen Dom-Brauerei aus dem Jahre 1929 wird geworben mit »erbaut 1287 / Unter Taschenmacher 5 / Nähe Dom und Rathaus«. Diese Werbung weist hin auf Richardus Comes, einen Medebierbrauer, der als erster auf dem Grundstück eine Brauerei aufbaute. Im 19. Jahrhundert wechselte die Brauerei mit der heutigen Hausnummer 5 mehrmals den Besitzer. Anfang des 20. Jahrhunderts kam Jean Sion mit

seiner Familie aus der Eifel nach Köln. Er selbst war ein Brauer, der die Tradition seiner Familie am Rhein fortsetzen wollte. Er kaufte 1915 von dem früheren Inhaber Vetten eine Brauerei im Herzen der Altstadt: Unter Taschenmacher 5, die vormals auch im Besitz des damals bekannten Brauers Jüsgen war. Es war eine normale Hausbrauerei mit Schankwirtschaft, die er nach dem Erwerb in eine für damalige Verhältnisse moderne Braustätte wandelte. Da er ein dynamischer Mensch war, wollte er bei Überkommenem nicht stehen bleiben. Die Brauerei wurde gleichzeitig erweitert, um für neu zu gewinnende Abnehmer genügend Kapazität zu erhalten. So belieferte Sion recht bald die renommierte Nippeser Gastwirtschaft Em golde Kappes mit seinem Bier. Gebraut wurde »in reiner Obergärung ... aus edelstem Hopfen und Malz«. Die Brauerei hieß bis zum Jahre 1937/38 tatsächlich Dom-Brauerei, und die dazugehörige Schankwirtschaft wurde Im Dombräues genannt. Sie verlor diesen Namen in einem Prozess an die Hirsch-Brauerei in Bayenthal, die ein Dom-Pils braute und Anspruch auf den Namen »Dom« erhob. Diese gewann den Prozess. Der Familie

Sion musste aber eine Abfindung gezahlt werden. Sion nannte sich ab sofort »Altstadt Bräu«; so zu lesen in dem Register der Brauereien und Mälzer im Deutschen Reich 1938/39. Nach dem Tod von Jean Sion heiratete dessen Witwe Georg Risch, der 1929 auch als Besitzer der Brauerei ausgewiesen ist. In den dreißiger Jahren übernahm Hans Sion, der heutige Senior, die Brauerei. Er hat nicht nur in Weihenstephan das Brauerhandwerk gelernt, sondern zusätzlich noch das juristische Staatsexamen gemacht – für einen Brauereibesitzer sehr nützlich. Er verstand es, mit Weitblick seine Brauerei zu führen. Der Zweite Weltkrieg brachte das Aus für die Brauerei und deren Braustätte in der Altstadt. Sie wurde vollkommen zerstört. Nach dem Krieg wurde zwar die Schankwirtschaft wieder neu aufgebaut. Doch das Sion-Kölsch wurde im Lohnbrauverfahren zuerst bei Früh gebraut, später in der Brauerei Zur Malzmühle, bis 1978 die Übernahme der Hubertus-Brauerei in Köln-Müngersdorf erfolgte. Nur recht kurze Zeit hatte das Sion-Kölsch eine eigene Braustätte. Heute gehört Sion zum Kölner Verbund und somit zur Holding Brau & Brunnen. Hans Sion selbst trug nach dem Krieg zum Zusammenhalt der kölschen Brauer bei. Er war Innungsmeister der Brauer und Mälzer; bis 1984 war er Vorsitzender des Kölner Brauerei-Verbandes. Als Kommunalpolitiker und Kölner Bürgermeister setzte er sich für das Kölsch an und für sich ein. Er darf als der Vorbereiter der Kölsch-Konvention benannt werden.

Michael Jackson definiert Sion-Kölsch als »ein wirklich frisches, angenehm blumiges Bier«, für dessen »Bukett und das trockene Finish ... zum Teil der Hersbrucker Hopfen verantwortlich ist.«

Sünner Kölsch

Luur ens von Düx noh Kalk: Dort, wo heute Autoverkehr und Straßenbahnen aus der City kommend über die Deutzer Brücke das rechte Rheinufer erreichen, stand früher eine Brauerei mit ihrem Brauhaus. Der Verkehr war damals – wie heute – das Verbindende. Christian Sünner übernahm 1846 die damalige Bahnhofsgaststätte des Köln-Mindener-Bahnhofs: das an der Deutzer Freiheit 3 gelegene Brauhaus Zum Schiffgen. Hausbrauerei, Brennerei und Schankwirtschaft bestanden bereits seit 1830 und waren ein Komplex. Doch bald musste der tüchtige Christian Sünner, dank guter Geschäftslage, für die

Auch auf der linken Rheinseite kann man Sünner-Kölsch genießen.

Brauerei ein neues Gelände suchen. Dass seine Wahl auf das damals noch kleine Kalk fiel, war ein Glückstreffer. Kalk, ein Industrie- und »Braunkohledorf«, prosperierte, und mit ihm die Brauerei. Auf dem Zechengelände »Neu Deutz« gebaut, hatte die junge Brauerei alsbald ihren Namen weg: »Zechenbrauerei Gebr. Sünner, Dampfkornbranntweinbrennerei«, so ist es auf einem Briefkopf aus dem Jahre 1898 zu lesen. Mit Stolz präsentiert man unter den Insignien der Bergmannszunft ein Bild des Betriebsgeländes. Eismaschinen, Doppelsudwerk: Die moderne Technik hatte Einzug gehalten. Untergäriges Lagerbier nach bayerischer Art wurde gebraut, zum ersten Mal im Raum Köln. Dieses neue Bier gewann rasch einen großen Kundenkreis und begründete den Ruf des Sünner-Bräu – zum Leidwesen des Kölsch-Fans.

Das Angebot der bei Sünner gebrauten Biere war groß: Es wurde Bock-, Export- und Lagerbier gebraut. Ab 1920 kamen Märzen-Bier, ab Oktober 1922 Pils hinzu. Das von 1927 bis 1972 gebraute Sünner Kristall war zum Beispiel ein untergäriges Vollbier mit Exportbiercharakter. Aber das obergärige kölsche Bier war natürlich nicht in Vergessenheit geraten. Es blieb ab 1906 immer ein fester Bestandteil in der Produktpalette. Den Namen Kölsch benutzte man seit

Die Sünner-Brauerei in Kalk.

1918. Der Zweite Weltkrieg unterbrach – wie bei allen Brauereien – die positive Entwicklung des Unternehmens. Die Brauerei und Brennerei Kalk wurde bei Luftangriffen nahezu völlig zerstört. Und trotzdem: Die Brüder Friedrich und Kurt Sünner erreichten nach Kriegsende, dass die historische Brauerei in ihrer ursprünglichen Form wieder hergestellt wurde. 1985 nahm die mittlerweile fünfte Generation der Familie Sünner die Führung der Brauerei in die Hand und setzt somit die Tradition der stets im Familienbesitz befindlichen Brauerei und Brennerei fort. Im Schatten des historischen Sudhauses eröffnete Anfang Juni 1996 der Brauerei-Biergarten. An der Stelle, wo sich bereits in den zwanziger Jahren der Sünner Zechen-Biergarten befand, ist eine kleine Oase geschaffen worden, in der sich Freunde des Sünner-Kölsch wohlfühlen dürfen. Hier kann sich der Gast – wenn er will – sein Kölsch aus einem 10-Liter-Pittermännchen selber zapfen. Das nennen wir Kölsch-Kultur!

Die Brauerei und Brennerei Gebr. Sünner ist ein mittelständisches Unternehmen, das 45 Menschen Lohn und Brot gibt. Etwa 40.000 Hektoliter Kölsch werden hier gebraut. Der Anteil von Fass zu Flasche beträgt 70 zu 30. Das Absatzgebiet von Sünner-Kölsch ist der Groß-Wirtschaftsraum Köln; Radius in etwa 60 bis 80 Kilometer.

Zunft Kölsch

Ein Ort und seine Einwohner identifizieren sich mit ihrer Brauerei: »Bierdorf Bielstein«, so steht es am Ortseingang des kleinen oberbergischen Ortes. Erzquell Brauerei Bielstein, Haas & Co. KG heißt die Brauerei, die als die geographisch östlichste Brauerei Kölsch brauen darf: Zunft-Kölsch. Das läßt die Kölsch-Konvention von 1986 zu. Die traditionsreichen Brauereien im Kölner Umland, die immer schon Kölsch gebraut haben, genießen durch das Gewohnheitsrecht eine Art Bestandsschutz. Es ist namentlich festgelegt, wer außerhalb Kölns Kölsch brauen darf. Und dazu gehört eben die Erzquell-Brauerei, die ihr Kölsch nach den alten Handwerkervereinigungen Kölns, den Zünften, benennt und damit ihre eigene Tradition unter den Kölsch-Marken unterstreicht.

Auch die Erzquell-Brauerei wird, wie so viele Kölsch-Brauereien, in der vierten Unternehmer-Generation geleitet. Dr. Axel Haas ist der Chef heute und trägt für die Brauereien in Bielstein und in Siegen die Verantwortung. Und das ist unternehmerisch eine Besonderheit! Es gibt zwei Erzquell-Brauereien, Schwesterbrauereien, die in einem gemeinsamen Konzept miteinan-

der verbunden, rechtlich und brautechnisch aber getrennt zu betrachten sind.

Zunft-Kölsch als Marke gibt es seit den fünfziger Jahren. Es wird ausschließlich in Bielstein gebraut, während das für das Siegerland typischere Erzquell-Pils in Siegen hergestellt wird. Ca. 200.000 Hektoliter Kölsch werden jährlich produziert, mit 40 Prozent Fassbier- und 60 Prozent Flaschenbieranteil. Als erste Kölsch-Brauerei führte sie die neue Halb-Liter-Flasche für Zunft-Kölsch ein. Die alte Euro-Flasche hatte ausgedient. Viel Wert legt die Brauerei im Bergischen Land auf ihr gutes Wasser. »Mit kristallklarem, weichem Quellwasser aus eigener Quelle gebraut«, heißt es stolz auf dem Etikett der Flasche. Gebraut wird in modernen Anlagen nach traditionellem Rezept, was dem besonders würzigen Geschmack von Zunft-Kölsch zugute kommt.

Die Erzquell-Brauerei ist so alt wie unser Jahrhundert. Ursprünglich hieß sie Adler-Brauerei. Ernst Kindl, ihr Gründer, besaß eine Reißerei und Spinnerei. Da die wirtschaftliche Ertragslage in der Textilbranche schlecht war, schulte er um. Er ließ sich in Weihenstephan ausbilden und lernte dort den Beruf des Brauers. Sein Bier kam gut an bei der Bevölkerung im Bergischen Land. Der Erste Weltkrieg und die Wirtschaftskrisen danach bedeuteten für das Unternehmen keine große Erschütterung. Anfang der zwanziger Jahre übertrug der Firmengründer die Geschäftsführung an seinen Schwiegersohn Carl Haas, einen ausgebildeten Brau-

ereifachmann, der die Entwicklung des aufstrebenden Unternehmens weiter vorantrieb. Anfang der dreißiger Jahre wurde die Brauerei in Bielsteiner Brauerei umgetauft, da es in Köln-Ehrenfeld ebenfalls eine Adler-Brauerei gab. Verwechslungen sollte es nicht geben. 1931 übernahm man die Mehrheitsbeteiligung an der damaligen Siegtal-Brauerei. Ein weiterer Generationenwechsel erfolgte 1951. Diplomkaufmann Werner Haas wurde Nachfolger seines verstorbenen Vaters. Er leitete die Entwicklung ein, die das Unternehmen zur heutigen Bedeutung führte. Denn 1976 fusionierte die Bielsteiner Brauerei mit der Siegtaler Brauerei zur Erzquell-Brauerei Bielstein und Erzquell-Brauerei Siegen, wobei sie als Schwesterbrauereien aber weiterhin selbständig blieben. 80 Mitarbeiter sind heute in Bielstein beschäftigt. Die Erzquell-Brauerei Bielstein ist somit ein guter Arbeitgeber und ein wichtiger wirtschaftlicher Faktor für die Region. Sinnvolle Investitionen und gezielte Marktstrategie weisen weiterhin in die Zukunft eines gesunden Unternehmens. Bewusster Kundenkontakt und fachmännische Beratung werden gerade in der Gastronomie geschätzt.

Zunft-Kölsch – ein zünftiger Schluck, der Spaß macht.

Schreckenskammer Kölsch

Die Schreckenskammer befindet sich direkt neben Sankt Ursula. Eine freundlich-gemütlich-kölsche Schankwirtschaft im Brauhausstil. Nur hier kann der Gast Schreckenskammer-Kölsch genießen. Wenn der Begriff Schreckenskammer fällt, denkt man als Kölner an die Goldene Kammer von Sankt Ursula. Dort sind die Wände verziert mit den Knochen von vielen hundert Menschen, dekorativ in Mustern zusammengestellt. Hier kann ein zartbesaiteter Mensch einen gehörigen Schrecken bekommen, wenn er in die tiefen Augenhöhlen des einen oder anderen Totenschädels schaut. Da die Schreckenskammer neben dieser Kammer des Schreckens zu finden ist, kann man sich in der hellen freundlichen Gaststube bei einem leckeren Schreckenskammer-Kolsch von seinem Schrecken erholen.

Das ursprüngliche Brauhaus Scheckenskammer befand sich in der Johannisstraße 42, an der Ecke zur Goldgasse. Dort, wo heute die Zufahrt von der Rheinuferstraße zur Nord-Süd-Fahrt eine große Schneise bildet, wurde seit 1442 gebraut. 1487 erscheint das Brauhaus zum ersten Mal in der Steuerliste. 1589 wurde es Zum Mailaen (Milan) genannt. Die Besitzer wechselten oft. In den fünfziger Jahren des 17. Jahrhunderts hieß es Zum Marienbildchen. Am 17. November 1933 erwarben der Bierbrauer Ferdinand Wirtz und sein Sohn Cornelius Wirtz die Brauerei inklusive der Schankräume. 1943 wurde der kleine Betrieb ein Opfer der Bomben. Nach dem Krieg durfte am ursprünglichen Ort nicht wieder aufgebaut werden. Begründung der Stadt: Eine Brauerei nimmt die Aussicht auf Dom und Bahnhof. Die Familie wurde zwangsenteignet, als Alternative das heutige Grund-

stück Ursulagartenstraße angeboten. Dort durfte allerdings keine neue Brauerei gebaut werden. Am 6. August 1960 konnte die Eröffnung der heutigen Schreckenskammer gefeiert werden. Sie befindet sich weiterhin in den bewährten Händen der Familie Wirtz.

Schreckenskammer-Kölsch wird bis heute im Lohnbrauverfahren bei der Dom Brauerei in Bayenthal gebraut. Es wird »ohne Zusatz von Kohlensäure abgefüllt«. 24 Stunden bleiben die Fässer mit offenem Spundloch gelagert, so dass überschüssige Kohlensäure entweichen kann. In der Schankwirtschaft kann man sich Schreckenskammer-Kölsch für den Trunk Zuhause in seinen eigenen Siphon abfüllen lassen.

Woher stammt der für eine Brauerei ungewöhnliche Name »Schreckenskammer«? Zwei Anekdoten bieten eine Antwort: »Gegenüber dem Brauerei-Ausschank in der Johannisstraße befand sich früher die Eisenbahner-Lehranstalt der Fränkisch-Märkischen-Eisenbahn. Da die Anstalt selbst sehr klein war, musste bei Prüfungen auf die Räume des Brauhauses zurückgegriffen werden. Als wieder einmal eine Prüfung im Brauhaus abgehalten wurde und ein staatlicher Prüfer hinzukam, fragte dieser, da ihm die Räumlichkeiten nicht bekannt waren: Na, wo ist denn nun die Schreckenskammer?«

Ein anderer Erklärungsversuch besagt, dass die zum Tode Verurteilten der Stadt Köln auf ihrem Weg vom Gerichtsgebäude zur Weckschnapp in der Schreckenskammer ihre letzte Mahlzeit, die Henkersmahlzeit, erhielten. Sie merkten auf diese Weise ganz sinnlich, dass ihr letztes Stündlein geschlagen hatte.

Stecken Kölsch

Stecken-Kölsch wird in Frechen-Hücheln gebraut: Hüchelner Brauhaus Privat-Brauerei, Aegidiusstraße 56. Ausgeschenkt wird es direkt neben der Brauerei in der gemütlichen Schankwirtschaft mit Biergarten.

Hugenotten waren es, die nach der Überlieferung bereits in den fünfziger Jahren des 18. Jahrhunderts an dieser Stelle Bier brauten. In den dreißiger Jahren unseres Jahrhunderts wurde die kleine Brauerei von Engelbert Metzmacher geführt. »Stecken-Alt-Brauerei, Hücheln b. Köln, reine Obergärung«, so kann man es auf einem alten Bierdeckel lesen. Kurz nach der Übergabe des Betriebes an seinen Sohn starb der alte Bierbrauer mit 83 Jahren. Von diesem und der Erbengemeinschaft – Engelbert Metzmacher hatte 17 Kinder – wurde die Brauerei allerdings nicht weiterbetrieben. Zwischen 1937 und 1949 wurde kein Bier ge-

braut. In diesem Jahr – am 1. September 1949 – kaufte Wenzel Hintermeier die Brauerei mit allem, was dazugehörte. Wenzel Hintermeier stammte aus dem Vogtland, aus der Umgebung von Pilsen, der Bierstadt überhaupt. Dort erlernte er auch die Braukunst; eine sehr gute Adresse für einen Braumeister. Nachdem er in Dortmund und Nürnberg sein Handwerk ausgeübt hatte und zahlreiche Patente auf die von ihm entwickelte Druckgärung erhalten hatte, kam er mit seiner Familie nach Frechen und einigte sich mit der Erbengemeinschaft Metzmacher zunächst über die Pacht und dann über den Kauf der Gebäude und des dazugehörigen Geländes.

Zwölf Jahre Stillstand: Die Brauerei war veraltet, die Arbeit zunächst mühsam. Und trotzdem, zu Beginn des Jahres 1950 wurde der erste Sud angesetzt. Stecken Alt, Prior Pils, Edelmalz und ein Bockbier wurden gebraut und ausgeschenkt. Nach und nach wurde der Betrieb modernisiert und erweitert. Wenzel Hintermeier wurde dabei tatkräftig von seinen Söhnen unterstützt. Es konnten sogar Aufträge angenommen und für andere Brauereien im Lohnbrauverfahren Kölsch (!) gebraut werden. Die belgische Brauerei Stella Artois orderte Stolz-Kölsch. Andere Sorten hießen Römer-Kölsch (nicht zu verwechseln mit dem Kölsch aus Thorr), Prinzen-Kölsch, Herzog-Kölsch. In den sechziger Jahren wurde das Stecken-Alt in Stecken-Kölsch umbenannt. Und so heißt es noch heute. Neben Stecken-Kölsch, das an sich schon eine kleine Spezialität ist, werden in Hücheln noch der Hüchelner Urstoff gebraut – ein unfiltriertes obergäriges Bier – und Bartmanns-Kölsch. Dieses Kölsch wird mit etwa 12,1 Prozent Stammwürze gebraut. Es hat einen Alkoholanteil von etwa 5,1 Volumenprozent.

DER Kölsch-Test

›Feindliche‹ Biere erobern langsam aber stetig den kölschen Biermarkt. Durch gezielte Werbung und Dumpingangebote soll der Kölsch-Trinker zur Sünde verleitet werden. Nicht mehr zur kölschen Stange, sondern zur Pilstulpe oder zum Weizenbecher soll er greifen. Ein Horror, aber Realität. Dies geschieht jeden Tag in der Kneipe, in der Gastwirtschaft, im Restaurant. Das darf nicht sein! Nur wo ein gepflegtes Kölsch gezapft und serviert wird, da ist echte Kölsch-Kultur!

56 Kölsch-Tests haben wir innerhalb von drei Monaten absolviert. Eine harte Zeit. Mehrere Wirtschaften an einem Abend und trotzdem immer wieder neugierig: Was kommt auf uns zu? Das ist eine Herausforderung! Die Auswahl der ›Testobjekte‹ war von Anfang an auf 56 begrenzt – die Auswahl war nicht immer einfach. Brauhaus, bürgerliche Kneipe, Szene-Lokal – wir hätten jeden Tag 20 Tests machen können. Linksrheinisch, rechtsrheinisch, Vororte: Wie wird man der Schäl Sick gerecht? Wir meinen, dass wir einen kleinen, repräsentativen Querschnitt durch die Kölner Kneipenlandschaft gezogen haben.

Wir haben jedes Lokal zweimal getestet, und es waren immer mehr als nur ein Tester dabei. Wir haben also immer mehrere Kölsch bestellt und miteinander verglichen, gerade in Bezug auf die Sauberkeit. Es kann natürlich sein, dass das eine Lokal an dem jeweiligen Tag nicht seinen besten Tag gehabt hat oder das andere durch Zufall und Laune in Spitzenform war. Kann sein, muss aber nicht. Jeder kann sich an Ort und Stelle seine eigene Meinung bilden, Hauptsache sie oder er tut es! Aus diesem Grunde haben wir auch unsere Test-Kriterien veröffentlicht.

Hier hätte Willi Ostermann wohl selbst gerne ein leckeres Kölsch getrunken: Päffgen Biergarten am Ostermannplatz.

Testen Sie selbst! Wenn Sie auf eigene Faust Ihr Kölsch testen wollen, besorgen Sie sich ein Thermometer, das schnell und exakt die Temperatur von Flüssigkeiten messen kann, eine Stoppuhr für die Messung des Schaumabfalls, ein Lineal zur Messung sowohl der Glashöhe als auch des Schaumes, sobald das Glas auf den Deckel gestellt worden ist. Eine Lupe wäre nicht schlecht, die Größe der Schaumbläschen haben wir mit einer digitalen Schieblehre gemessen. Die Bläschengröße wie auch die unterschiedliche Porigkeit des Schaumes kann man auch mit dem bloßen Auge erfassen und mit einiger Erfahrung bewerten.

Natürlich ist Geschmack eine sehr persönliche Sache, in die man nur sehr schwer reinreden kann. Der eine mag ein malzig-weiches Kölsch, der andere eher ein herberes mit einer schönen Hopfenblume, der dritte möchte ein süffiges mit leichtem Profil, und so weiter. Jeder Jeck ist anders und somit jeder Geschmack ebenso.

Läßt sich über Geschmack streiten, so gibt es doch objektive Kriterien, nach denen ein gutes Kölsch beurteilt werden kann. Und dies ist die Aufgabe, die wir uns gestellt haben: Zu testen, wo das Kölsch am besten dem Verbraucher, dem Kölsch-Freund, serviert wird. Dazu haben wir Kriterien gewählt, die jeder nachvollziehen kann und die jeder in seiner Kneipe, in seiner Schankwirtschaft anlegen kann. Das hat nichts mit Hexerei oder Zauberei zu tun, wohl aber mit Spaß am Kölsch.

DIE Test-Kriterien

Wir haben uns für unseren Kölsch-Test acht Kriterien überlegt, anhand derer wir ein gutes Kölsch bewerten. Es ist natürlich nicht für jeden einsehbar, wie wir zu diesen acht Kategorien gekommen sind und was sie bedeuten. Aus diesem Grund einige Erläuterungen.

Glasgröße

Kölsch wird aus der Kölner Stange getrunken; 0,2 Liter ist das Originalmaß. Es gibt Gläser, die 14, 15 und 16 Zentimeter hoch sind, je nach Kölsch-Marke. Dementsprechend ist der Eichstrich mehr oder weniger weit von der Glasoberkante entfernt. Einen Schritt in die richtige Richtung hat deshalb die Brauerei Früh gemacht. Sie lässt ihr Kölsch in Gläsern servieren, die 16 Zentimeter hoch sind. Damit ist der Abstand vom Eichstrich zur Glasoberkante gut 0,6 Zentimeter größer als bei 15-Zentimeter-Gläsern. Hier hat der Schaum genügend Platz, sich zu entfalten. Ganz im Gegensatz zu den Gläsern, die 0,4 Liter Inhalt haben. Der Eichstrich ist so nahe am Glasrand, dass ein schöner Schaum nicht geboten werden kann. In diesen Gläsern war auch grundsätzlich immer weniger als 0,4 Liter Kölsch. In einer Kneipe wurden wir bei der Reklamation vom Kellner gefragt: »Darf ich Ihnen noch etwas nachschenken?« Das ist kein Scherz! Das ist bayerisches Oktoberfest ist Köln.

Ideal bezüglich des Schaumes sind natürlich die 0,1 Liter großen Stößchen. Sie haben über dem Eichstrich fast vier Zentimeter Platz für den Schaum.

Bestellt haben wir nur: »Kölsch, bitte.« Die Glasgröße haben wir nicht benannt. Was uns serviert wurde, entsprach dem üblichen Standard. Wir haben es hingenommen und notiert. Aus der Getränkekarte haben wir entnommen, dass es außer 0,4-Liter-Gläsern auch 0,3- oder 0,2-Liter-Gläser gibt. Das haben wir natürlich nicht bewertet.

Aufpassen muss man als Gast bei Billiggläsern mit weißem Eichstrich! Der weiße Schaum des Bieres macht es nur sehr schwer möglich, ihn genau zu erkennen.

Temperatur und Geschmack

6–8 Grad Celsius halten wir für eine optimale Temperatur für Kölsch. Der Geschmack kann sich gut auf der Zunge entfalten, ohne dass sie gefriert. Gut, manche Kölsch-Trinker mögen ihr Kölsch lieber kühler oder gar kalt. Magenkranke brauchen die Wärme. Das sind rein persönliche Vorlieben.

Im Sommer, bei höheren Temperaturen, darf das Kölsch in der Tat kühler serviert werden, da die Erwärmung schneller voranschreitet und der Körper eine gute Erfrischung braucht.

Genauso subjektiv ist eigentlich die Bewertung des Geschmacks von Kölsch. Der eine

Genießer mag ein herberes Kölsch, der andere ein fruchtig-leichtes. Geschmäcker sind verschieden, und der Geschmack der einzelnen Kölsch-Marken ebenso. Und das ist gut! Und doch kann ein Kölsch seinen vollen Geschmack nicht entfalten, wenn es schlecht gezapft ist. Leider konnten wir nicht in die Zapfhähne und Bierleitungen schauen. Ihre Sauberkeit garantiert auch einen guten Geschmack.

Schaumhöhe, Schaumhaltbarkeit und Schaumbläschen

Das Auge trinkt mit. Ein schönes, hochgezapftes Kölsch ist und bleibt eine Augenweide. Es ist traurig, was uns da in mancher Wirtschaft oder Szene-Kneipe unters Auge gekommen ist. Grausam! Neidisch schauten wir auf die Weizenbiertrinker, die ein Bier mit herrlichem Schaum gereicht bekamen. Als Kölsch-Trinker saß man daneben und schaute durch die schnell dahinschmelzenden Bläschen auf das blanke Kölsch. Oder war es dunkler Weißwein oder Limonade?

Es kam vor, dass selbst bei einem gut gezapften Kölsch der Schaum recht flüchtig war und schnell absank. Das Glas war tiptop. Die Frage: Was war im Spülwasser? Etwa Spüli? Kann sein, darf aber nicht. Auch wenn es manchmal danach roch. Eine »Gardine« ist ein gutes Zeichen. Der Schaum bleibt am Glas kleben, und jeder Schluck setzt sich sichtbar ab.

Beim Testen der Schaumbläschengröße ernteten wir meist freundlich-staunendes Grinsen. Mit Lupe und Schieblehre die Bläschengröße messen ist schon etwas skurril. Aber der Aussagewert an sich ist schon ein Kriterium. Feiner, sahniger Schaum ist eine Augenweide und Balsam für die Lippen. Deshalb ist es vielen Brauereien wichtig, ihr Bier so zu brauen, dass ein schöner Schaum möglich ist. Der Gastwirt hat dann die Aufgabe, so zu zapfen, dass er dem Anspruch der Brauerei entspricht.

Sauberkeit

Der Sauberkeitstest des Glases brachte oftmals einen Schmierfilm aus reinstem Fett zutage. Seltener war es Lippenstift, jedoch konnte man den Lippenabdruck mit kaltem Hämmchenfett oft genug erkennen. Klar, dass der Schaum sich ekelt. Wir ekelten uns ja auch! Eine Unsitte ist es, beim Abräumen in das Kölschglas hineinzugreifen. Fingerabdrücke verschönern das Glas nicht, und die Spülbürsten haben es schwer, das Glas zu reinigen. Also, liebe Kölsch-Trinker und Köbesse: das Glas nur von außen anfassen!

Sonstiges

Beim Preis gibt es in manchem Betrieb Unterschiede zwischen Theke und Tisch. Auch musikalische Untermalung musste honoriert werden.

Es gibt Kneipen, die sowohl ihr Kölsch aus dem Pittermännchen als auch aus der Zapfanlage zapfen. Begründung: Wenn das Kölsch läuft, lohnt es sich, ein Pittermännchen anzustechen. Geht der Tag dem Ende entgegen, zapft man lieber aus der Leitung. Es bleibt kein Restbier im Pittermännchen übrig, das am nächsten Tag dem Gast nicht mehr serviert werden kann. Das ist logisch. Wir haben nur das Kölsch bewertet, das wir auf den Tisch gestellt bekamen.

Für angeschlagene Glasränder gab es in der Kategorie »Sauberkeit« einen Punkt Abzug.

Fazit

Ein Wirt, ein Zappes, der Gefühl für ein gutes Kölsch hat, zapft auch ein gutes Bier. Zum Kölsch braucht man eine Beziehung. Den liebevollen Umgang erkennt man bereits beim

Servieren. Wer am Zapfhahn nur seinen Job erledigt, sollte es bleiben lassen! Er tut dem Kölsch damit keinen Gefallen. Der Gast erfährt so keine Kölsch-Kultur. Und darauf kommt es doch an!

TEST-KRITERIEN

1. Füllstrich

o.k., guter Schaum	5 Punkte
unterfordert, sehr guter Schaum	5 Punkte
unterfordert, guter Schaum	4 Punkte
o.k., geringer Schaum	3 Punkte
unterfordert, geringer Schaum	2 Punkte
maßlos unterfordert, man sieht den Boden	0 Punkte
überfordert	2 Punkte
überfordert, kaum Schaum	1 Punkt
Glaskante	0 Punkte

2. Temperatur

2,0–4,5° C	Eiszeit, some like it cool	3 Punkte
4,6–6,0° C	Frühlingserwachen	4 Punkte
6,1–8,0° C	Kölsch	5 Punkte
8,1–9,0° C	Magentrost	4 Punkte
9,1–10,0° C	Labberwasser	3 Punkte
10,1–11,0° C	Hot Chocolate	2 Punkte
über 11,0° C	Siedepunkt	1 Punkt

3. Schaumhöhe

< 1,5 cm	ohne Schaum geliefert	0 Punkte
1,5–1,99 cm	Schaum ist sichtbar	1 Punkt
2,0–2,49 cm	Schaum eben noch da	2 Punkte
2,5–2,99 cm	Schaum hat ansehnliche Höhe	3 Punkte
3,0–3,49 cm	Schaum hat eine gute Höhe	4 Punkte
> 3,5 cm	»Huhjezappt!«	5 Punkte

4. Haltbarkeit des Schaums

0–59 Sek.	war da was?	0 Punkte
1 Min.–1:59 Min.	ist ja noch da!	0 Punkte
2 Min.–2:59 Min.	schau, schau	1 Punkt
3 Min.–3:59 Min.	Hoffnung	3 Punkte
4 Min.–4:59 Min.	ich han Doosch	4 Punkte
> 5 Min.	das ist Spitze	5 Punkte

5. Schaumbläschen

> 0,45 cm	Furunkel	0 Punkte
0,40–0,45 cm	pickelig (hier hilft nur noch reines Clerasil)	1 Punkt
0,35–0,39 cm	großporig	2 Punkte
0,28–0,34 cm	et kütt	3 Punkte
0,21–0,27 cm	zart wie ein Kinderpopo	4 Punkte
< 0,20 cm	Sahne	5 Punkte

6. Sauberkeit

Lippenstift-, Hämmchen- und Fingerabdrücke	0 Punkte
halb Glas, halb Fett	1 Punkt
kein Durchblick	2 Punkte
man sieht zu viel	3 Punkte
man sieht durch	4 Punkte
blitze-blank	5 Punkte
Gardine	6 Punkte

7. Geschmack des Kölsch

Altbier	0 Punkte
pfui bah!	1 Punkt
mer kann et ruche	2 Punkte
Labberwasser	3 Punkte
mer kann et jot drenke	4 Punkte
Kölsch	5 Punkte

8. Glasgröße

0,1 l	5 Punkte
0,2 l	5 Punkte
0,25 l	3 Punkte
0,3 l	2 Punkte
0,4 l	1 Punkt
0,5 l	0 Punkte

ohne Wertung
Glashöhe, Eichstrich unter Glasrand, Durchmesser

0,2 l	14 cm, 2,1 cm, 5,225 cm
0,2 l	15 cm, 2,7 cm, 4,995 cm
0,2 l	16 cm, 3,3 cm, 4,915 cm
0,1 l	10,5 cm, 3,9 cm, 5,096 cm

TESTOBJEKT	KÖLSCH	FÜLL-STRICH	ANLAGE	TEMPERATUR	SCHAUMH
Alcazar	Gilden	5	Zapf	3,5° C	30 mm
Alte Schmiede	Sion	5	Pitter	6,2° C	30 mm
Backes	Reissdorf	5	Zapf	4,4° C	37 mm
Bier-Esel	Sünner	5	Pitter	7,2° C	46 mm
Bierhaus En d'r Salzgass	Päffgen	5	Pitter	6,7° C	31 mm
Brauhaus KA Pütz	Mühlen	5	Pitter	6,7° C	37 mm
Decksteiner Mühle	Dom	5	Zapf	8,4° C	40 mm
Deutzer Bahnhof	Gilden	5	Zapf	5,3° C	37 mm
DOM Brauhaus	Dom	5	Pitter	5,4° C	33 mm
Eichendorff	Reissdorf	5	Zapf	5,2° C	39 mm
Em ahle Kohberg	Sünner	5	Zapf	4,7° C	37 mm
Em Birkebäumche	Sion	5	Zapf	5,4° C	39 mm
Em Golde Kappes	Mühlen	5	Pitter	3,4° C	35 mm
Em Hähnche	Dom	5	Pitter	7,0° C	27 mm
Früh am Hof	Früh	5	Pitter	6,3° C	42 mm
Früh em Veedel	Früh	5	Pitter	7,0° C	42 mm
Gaffelhaus	Gaffel	5	Zapf	6,4° C	35 mm
Gasthaus Fühlingen	Gaffel	5	Zapf	6,0° C	49 mm
Gaststätte Burger	Gaffel	5	Pitter	5,6° C	30 mm
Gilden Brauhaus	Gilden	5	Pitter	6,7° C	47 mm
Goldener Pflug	Gaffel	5	Zapf	5,2° C	26 mm
Haus Brecher	Dom	5	Zapf	7,6° C	28 mm
Haus Cornely	Reissdorf	4	Zapf	3,5° C	30 mm
Haus Moritz	Reissdorf	5	Zapf	5,7° C	33 mm
Haus Müller	Sion	5	Zapf	9,7° C	36 mm
Haus Scholzen	Gaffel	5	Zapf	5,8° C	33 mm
Haus Töller	Sion	5	Pitter	5,6° C	31 mm
Haus Unkelbach	Reissdorf	5	Pitter	5,6° C	32 mm

HALTBARKEIT DES SCHAUMS	SCHAUM-BLÄSCHEN	SAUBERKEIT	GESCHMACK	GLAS LITER	PUNKTE
4:19 Min.	0,16 mm	6 (Gardine)	5	0,2 / 15	37
> 5 Min.	0,18 mm	4	5	0,2 / 15	38
3:47 Min.	0,25 mm	5	5	0,2 / 15	35
> 5 Min.	0,21 mm	5	5	0,2 / 15	39
> 5 Min.	0,23 mm	5	5	0,2 / 15	38
> 5 Min.	0,14 mm	5	5	0,2 / 15	40
> 5 Min.	0,19 mm	6 (Gardine)	5	0,2 / 15	40
> 5 Min.	0,17 mm	6 (Gardine)	5	0,2 / 15	40
4:20 Min.	0,26 mm	4	5	0,2 / 15	35
4:19 Min.	0,28 mm	4	5	0,2 / 15	35
3:35 Min.	0,16 mm	5	5	0,2 / 15	37
> 5 Min.	0,18 mm	5	5	0,2 / 15	39
> 5 Min.	0,14 mm	6 (Gardine)	5	0,2 / 15	39
> 5 Min.	0,21 mm	6 (Gardine)	5	0,2 / 15	38
> 5 Min.	0,14 mm	5	5	0,2 / 16	40
> 5 Min.	0,22 mm	4	5	0,2 / 16	38
> 5 Min.	0,19 mm	4	5	0,2 / 15	39
> 5 Min.	0,17 mm	5	5	0,2 / 15	40
> 5 Min.	0,15 mm	6 (Gardine)	5	0,2 / 15	39
> 5 Min.	0,26 mm	5	5	0,2 / 15	39
4:12 Min.	0,26 mm	1	5	0,2 / 15	31
> 5 Min.	0,22 mm	4	5	0,2 / 15	36
2:31 Min.	0,19 mm	4	4	0,2 / 15	33
4:33 Min.	0,19 mm	3	5	0,2 / 15	35
> 5 Min.	0,14 mm	3	5	0,2 / 15	36
> 5 Min.	0,19 mm	6 (Gardine)	5	0,2 / 15	40
> 5 Min.	0,13 mm	5	5	0,2 / 15	39
> 5 Min.	0,14 mm	5	5	0,2 / 15	38

TESTOBJEKT	KÖLSCH	FÜLL-STRICH	ANLAGE	TEMPERATUR	SCHAUMH
Hellers Brauhaus	Heller	4	Zapf	8,1° C	17 mm
Hemmer	Sion	4	Zapf	4,8° C	24 mm
Höhn's	Dom	5	Pitter	6,3° C	38 mm
Hüchelner Brauhaus	Bartmann	5	Zapf	7,5° C	56 mm
Kleine Glocke	Dom	5	Zapf	2,6° C	43 mm
Mainzer Hof	Sünner	5	Zapf	5,7° C	40 mm
Malzmühle	Mühlen	5	Pitter	7,4° C	41 mm
Mathildenhof	Gaffel	5	Zapf	5,3° C	31 mm
Max Stark	Päffgen	5	Pitter	6,4° C	37 mm
Päffgen	Päffgen	5	Pitter	6,0° C	35 mm
Peters Brauhaus	Peters	5	Pitter	5,9° C	32 mm
Petersberger Hof	Gilden	5	Zapf	7,0° C	48 mm
Puffeskooche	Gilden	5	Zapf	6,7° C	34 mm
Quetsch	Gaffel	5	Pitter	7,0° C	30 mm
Rather Hof	Dom	4	Zapf	4,5° C	34 mm
Schmieder's Gasthaus	Sünner	4	Zapf	6,2° C	24 mm
Schmitze Lang	Sion	5	Pitter	5,5° C	45 mm
Schreckenskammer	Schreckensk.	5	Pitter	7,4° C	42 mm
Severin	Dom	5	Zapf	5,7° C	32 mm
Sion Brauhaus	Sion	5	Pitter	9,3° C	50 mm
Stüsser	Sion	5	Pitter	2,5° C	36 mm
Sünner im Walfisch	Sünner	3	Pitter	7,6° C	33 mm
Weinhaus Vogel	Gaffel	5	Pitter	4,4° C	41 mm
Weiss Bräu	Lecker	4	Zapf	7,8° C	30 mm
Weißer Holunder	Sion	5	Zapf	5,7° C	42 mm
Zum Kornbrenner	Sünner	5	Pitter	6,6° C	33 mm
Zur Gräfenmühle	Sion	5	Zapf	5,7° C	33 mm
Zur Linde	Gaffel	5	Zapf	6,2° C	33 mm

HALTBARKEIT DES SCHAUMS	SCHAUM-BLÄSCHEN	SAUBERKEIT	GESCHMACK	GLAS LITER	PUNKTE
> 5 Min.	0,11 mm	4	5	0,2 / 15	31
> 5 Min.	0,13 mm	5	5	0,2 / 15	35
> 5 Min.	0,16 mm	5	5	0,2 / 15	40
> 5 Min.	0,19 mm	6 (Gardine)	5	0,3 / 17	38
> 5 Min.	0,11 mm	5	5	0,2 / 15	38
> 5 Min.	0,21 mm	5	5	0,2 / 16	38
> 5 Min.	0,22 mm	4	5	0,2 / 14	38
4:35 Min.	0,25 mm	6 (Gardine)	5	0,2 / 15	37
> 5 Min.	0,19 mm	6 (Gardine)	5	0,2 / 14	41
> 5 Min.	0,10 mm	5	5	0,2 / 14	40
> 5 Min.	0,26 mm	4	5	0,2 / 15	36
4:26 Min.	0,22 mm	4	5	0,2 / 15	37
> 5 Min.	0,23 mm	4	5	0,2 / 15	38
> 5 Min.	0,25 mm	5	5	0,2 / 15	38
> 5 Min.	0,14 mm	5	5	0,2 / 15	36
> 5 Min.	0,19 mm	3	5	0,2 / 15	34
> 5 Min.	0,17 mm	6 (Gardine)	5	0,2 / 15	40
> 5 Min.	0,18 mm	6 (Gardine)	5	0,2 / 15	41
> 5 Min.	0,19 mm	4	5	0,2 / 15	37
3:48 Min.	0,29 mm	5	5	0,2 / 15	34
> 5 Min.	0,24 mm	5	5	0,2 / 15	39
> 5 Min.	0,19 mm	6 (Gardine)	5	0,2 / 15	40
> 5 Min.	0,20 mm	5	5	0,2 / 14	39
> 5 Min.	0,12 mm	5	5	0,2 / 15	39
> 5 Min.	0,14 mm	6 (Gardine)	5	0,2 / 15	40
> 5 Min.	0,17 mm	5	5	0,2 / 16	39
> 5 Min.	0,27 mm	6 (Gardine)	5	0,2 / 15	37
4:14 Min.	0,24 mm	4	5	0,2 / 15	36

Kölsch-Song

Ansage

»Es gibt Dinge, die ich einfach nicht begreife: Die Verkäuferinnen beim Merzenich, wo es das ungesunde, labberige Gummibrot gibt, warum machen die immer so einen gesunden, lebenslustigen Eindruck? Und vor allem: Warum sehen ihre Vollkornkolleginnen in der Kornstube um die Ecke so erbärmlich aus?

Ich mein', die wollen einem einreden, dass das Zeug gesund ist. Und dann steht da eine magersüchtige, verhärmte Gestalt mit der Lebensfreude eines Toastbrots und leidet still vor sich hin. Ich frag' mich dann immer: Soll ich jetzt Grünkernbällchen bestellen, oder leiste ich lieber direkt Sterbehilfe? Wenn Ingmar Bergmann heute noch einen Film drehen würde, dann bestimmt in einer Vollkorn-Bäckerei (»Das Schweigen des Dickdarms«).

Jetzt gibt es Leute, die sagen: Wat soll der Quatsch, dat bisschen, wat ich esse, kann ich auch trinken, quasi Flüssig-Brot, also Bier. Fakt ist: Es wird immer weniger Kölsch konsumiert. Wir sind schon mittendrin im Brauerei-Sterben. Wehret den Anfängen, bevor es zu spät ist. Mein Freund ist ein Kölsch. Arsch huh, Zäng usseinander un Kölsch rein.«

kölsch-song

wat is mit hopfen
wat is mit malz
wat is mit unserem kölsch
dat löf su jot durch der hals
wer drink dat fiese pils
is dat denn bier
wat is mit unserm kölsch
ohne kölsch bin ich e ärm dier

häs du dat noch nit kapiert
dat mer pils nit drinke kann
häs du dat noch nit kapiert
der köbes fängk ze kriesche an

aaaaaaaaah aaaaaaaaaaah

wer drink denn hück noch kölsch
wat han mir jedonn
wat is mit unsrer stadt
dat mir ohne kölsch do ston
dat bräues op dr eck
es dat vorbei
han ich dat nur jedräump
et jäv noch kölsch un korn dobei
häs du dat noch nit kapiert
uns pänz han pils im kahn
häs du dat noch nit kapiert
dr köbes fängk ze kriesche an

aaaaaaaaah aaaaaaaaaaah

ich han jedräump
et hät vom himmel kölsch jerähnt
un wie ne kleene fetz soss ich
.... blau op minge stään

aaaaaaaaah aaaaaaaaaaah
aaaaaaaaah aaaaaaaaaaah

wat wor dat fröher schön
(what about kölsch)

kölsch dat wor noch bier
(what about kölsch)

fresch jezapp im glas
(what about kölsch)

pils is nur schaum
wat is mit unserer milz
pils is dreckelich
pils schmeckt fast wie alt
wat is köln ohne kölsch
wer drink noch ene mit

wat drink der schmitze lang
wat drink dat schmitze billa
wat drink dr schutzmann an dr eck
ein pils durt vel zelang

wat es mem fröh im veedel
wat es mem kölsche köbes mann
pils dat es en schand
wat is en kindtauf ohne kölsch
dat is en sauerei

wat hammer nur jemaat
wat well die mam
wat drinke mer in dr fröh
un wat en dr nach
wat jehürt zum kölsche klaaf
wat drink dr kleene mann

wat drinke mer em letzte hemp
(ooo, oooo)

dat is nit ejal …

Text von Rainer Rübhausen,
aufgeführt auf der Stunksitzung 1998
nach der Musik vom »Earth-Song«
von Michael Jackson.

*Szene aus der
Stunksitzung 1998*

Ambiente-Test

Alcazar (37 Punkte)
Eine Institution in Köln. Die Küche ist der architektonische Mittelpunkt des Alcazar, Symbol für den hohen Stellenwert des Essens und für die Qualität der Speisen. Die Bedienung ist super! Schneller und aufmerksamer als mancher Köbes im Brauhaus! Hier verstreicht die Zeit auf sehr angenehme Weise.

Alte Schmiede (38 Punkte)
Gemütlich eng und verwinkelt. Hier kann man gut essen und ein gepflegtes Kölsch trinken. Leider diesmal nicht unter den Testsiegern, aber eine sehr empfehlenswerte Adresse im Westen Kölns!

Backes (35 Punkte)
Die kölsche Szene wird älter, der Backes bleibt. Hier ist die Zeit stehen geblieben – im positiven Sinne. Warum soll man auch etwas ändern, das mit der Zeit ehrwürdig ergraut?!

Bier-Esel (39 Punkte)
Wer gern Muscheln isst, der geht zum Bier-Esel! Aber das wäre zu einfach: Erstens gibt es hier frisches Kölsch; zweitens gibt es eine Galerie von alten Kaffeemühlen zu bestaunen; drittens ist der Bier-Esel als Kölns ältestes Muschelhaus eine Institution und guter Kölsch(er) Tradition verhaftet.

Bierhaus in d'r Salzgass (38 Punkte)
Von Null auf Hundert von den Kölnern angenommen. Nicht nur weil es hier Päffgen-Kölsch gibt. Schankraum und Empore sind hell und großzügig; im Sommer Biergarten im Innenhof. Die Gerichte sind typisch für ein Brauhaus. Und ewig lächelt Gambrinus.

Brauhaus KA Pütz (40 Punkte)
Ein Haus der positiven Gegensätze: Moderne Kunst in der Schwemme gegenüber den Pittermännchen. Die Kränze werden beim Zapfen beleuchtet! Ein gemauertes Thekenschaaf; tradi-

Ausgewählte Adressen des ersten allgemeinen Kölsch-Tests

Alcazar
Belgisches Viertel,
Bismarckstr. 39,
50672 Köln,
Tel. 515733
www.alcazar-koeln.de

Alte Schmiede
Lövenich,
Brauweiler Straße 62,
50859 Köln,
Tel. 02234-48155
www.alte-schmiede-koeln.de

Backes
Südstadt,
Darmstädter Str. 6,
50678 Köln,
Tel. 311167

Bier-Esel
Innenstadt,
Breite Straße 114,
50667 Köln,
Tel. 2576090

Bierhaus en d'r Salzgass
Innenstadt,
Salzgasse,
50667 Köln,
Tel. 8001900
www.bierhaus.salzgass.de

Brauhaus KA Pütz
Belgisches Viertel,
Engelbertstr. 67,
50674 Köln,
Tel. 211166

tionelle Buchenholztische in Ecken und Winkeln, ein Sälchen für Gesellschaften mit Blick in den dicht begrünten Innenhof: echte kölsche Atmosphäre.

Decksteiner Mühle (40 Punkte)
Die Decksteiner Mühle allein auf den Biergarten zu reduzieren, wird ihr nicht gerecht. Wer in angenehmer Umgebung gutbürgerlich essen möchte, hat es bestens getroffen. Wer nach einem Spaziergang durch den Stadtwald oder um den Decksteiner Weiher ein gepflegtes Kölsch trinken will, ist hier genau richtig. Alles ist stimmig.

Deutzer Bahnhof (40 Punkte)
Die »Bahnhofskneipe« der besonderen Art. Wenn man will, hat man von hier aus direkten Durchgang zum Bahnhof. Aber wer will da schon hin? Wir nicht! Mit kleinen feinen Sachen zum Essen und bestens gezapftem Kölsch wird man zum Verweilen eingeladen. Die Räumlichkeiten sind angenehm großzügig, Freitreppe mit Empore, von dort hat man bei Events einen guten Überblick über das Geschehen. Ein Kompliment an das freundliche Team!

Dom Brauhaus (35 Punkte)
Groß, gediegen und doch übersichtlich. Kölsch stets frisch aus dem Pittermännchen. Bei gutem Wetter kann man es in einem der schönsten Biergärten Kölns genießen. Für ein Brauhaus eine echt prima Küche. Die Köbesse könnten jedoch flotter sein. Für Veranstaltungen und Events empfiehlt sich der Kölsch Klub. Und nicht zu vergessen: das Dom Brauereimuseum, ein Kleinod der Brauereigeschichte.

Eichendorff (35 Punkte)
Ein Haus ohne Schnickschnack: einfach, schlicht und angenehm! Die Speisekarte macht neugierig: allein fünf Menüs, die man sich selbst zusammenstellen kann, stehen zur Auswahl. Uns hat auch gefallen, dass man ganz höösch in die Küche spinxen kann und der kleine Enkel nebenbei vom Opa in die gute Gastronomie eingeführt wird.

Em ahle Kohberg (37 Punkte)
»Och wat wor dat fröher schön doch en

Decksteiner Mühle
Lindenthal,
Gleueler Str. 371,
50935 Köln,
Tel. 433844
www.decksteiner-muehle.de

Deutzer Bahnhof
Deutz,
Ottoplatz 7,
50679 Köln,
Tel. 8800615
www.deutzerbahnhof.de

Dom Brauhaus
Bayenthal,
Alteburger Straße 157,
50968 Köln,
Tel. 9347810
www.dom-brauhaus.com

Eichendorff
Ehrenfeld,
Ottostr. 69,
50823 Köln,
Tel. 556261

Em ahle Kohberg
Merheim,
Ostmerheimer Str. 455,
51109 Köln
Tel. 692525

Colonia …« Auch wenn der Ahle Kohberg heute in Merheim liegt, so ist er doch immer wieder einen Besuch wert. Und dass man hier bei einer solchen Tradition ein gepflegtes Kölsch trinken will, das ist klar.

Em Birkebäumche
Sülz,
Neuenhöfer Allee 65,
50935 Köln,
Tel. 433907

Em Birkebäumche (39 Punkte)

»Wenn sich de Familich triff«, dann geht sie am liebsten in et Birkebäumche. Jung (de Pänz sin dobei!) und Alt trifft sich hier, um den FC per TV zum Sieg anzufeuern. Die Stimmung ist großartig und das Kölsch bestens. Bei gutem Wetter trifft man sich natürlich im Biergarten, der in der Tat seinem Namen alle Ehre macht.

Em Golde Kappes
Nippes,
Neußer Str. 295,
50733 Köln,
Tel. 734932

Em Golde Kappes (39 Punkte)

Was will mir das sagen, wenn ich auf einem Wandsockel einen Köbes aus feinem Holz sehe, auf einem Schild darunter eingraviert lese: »Dem Chef zum 60. Geburtstag«, und dann diesen Mann im wunderschönen Thekeschaaf neben der herrlich mit Schnitzereien verzierten Thekenschwemme sitzen sehe? Hier stimmt die Stimmung nicht nur bei den Gästen!

Em Hähnche
Brück,
Olpener Straße 873,
51109 Köln
Tel. 843334
www.brauhaus-em-haehnche.de

Em Hähnche (38 Punkte)

Fast kann man sagen ein »Landbrauhaus«. Es fehlt in der Tat nur noch die kleine Hausbrauerei in den angrenzenden Gebäuden, und die Idylle wäre perfekt. In der niedrigen Kneipe und im hohen Saal kann man in rustikaler Atmosphäre sein Kölsch genießen und dem Stress des Alltags auf angenehmste Weise entfliehen. Wohl bekomm's!

Früh am Dom
Innenstadt,
Am Hof 12-14,
50667 Köln,
Tel. 2613-211
www.brauhaus-frueh.de

Früh am Dom – Cölner Hofbräuhaus Früh (40 Punkte)

Wer zum Früh kommt, kommt nie zu spät! Was soll man zum Früh noch schreiben? Köln wie es leibt und lebt. Hier werden Maßstäbe gesetzt. Hervorragend ist die absolute Kölsch-Kultur, das 5-Liter-Pittermännchen im Brauhaus-Keller frisch auf den Tisch! Das wünschen wir uns – nicht nur im Keller – sondern in jedem Biergarten!!!

Früh em Veedel
Südstadt,
Chlodwigplatz 28,
50678 Köln,
Tel. 314470

Früh em Veedel (38 Punkte)

Die Südstadt ohne das Früh em Veedel ist nicht denkbar. Die ehemalige Brennerei A. Herrmann, im alten Stil weiterbetrieben, gehört für uns zu

den schönsten Kneipen Kölns. Hier erlebt man Kölsch(e) Kultur in Reinform, und das Kölsch ist frisch aus dem Pittermännchen.

Gaffel-Haus (39 Punkte)

Eine feine Alternative zu einem Brauhaus: der Spezialausschank der Gaffel-Brauerei. Hinter historischer Fassade ein herbes Kölsch trinken, das erfreut den Gaumen und die Seele. Typisch Kölsch auf gute Art. Und im Bier-»Garten« direkt vor der Türe auf dem Alter Markt ist die Stange auch nicht großer als im Hause!

Gasthaus Fühlingen (40 Punkte)

Hoch im Norden Kölns gibt es ein wirklich schönes rustikales Gasthaus: eine Kneipe mit einem Restaurant für deftige Speisen und einem großen Saal, an dessen Wänden Dutzende von Geweihen hängen, in dem die Fühlinger ihre Feste feiern und eine Tanzschule Unterricht abhält. Hier ist die Welt für Zunge, Gaumen und Füße in Ordnung.

Gaststätte Burger (39 Punkte)

Draußen: Die Silhouette des schnuckeligen Häuschens wird in der dunklen Jahreszeit mit Leuchtbändern weihnachtlich nachgezeichnet. Innen ist alles ein bisschen enger, und es geht gemütlich zu. Zwei Kölsch-Marken (Gaffel, 39 Punkte; Sion, 36 Punkte) fließen in friedlicher Eintracht direkt aus den Pittermännchen. Jedes Glas bekommt seinen Deckel. Eine kleine, sehr empfehlenswerte Restaurantkneipe.

Gilden Brauhaus (39 Punkte)

Im Zentrum ist das Kühlhaus, um das sich die runde Theke mit Barhockern arrangiert; darum halbmondförmig der in unterschiedlicher Bestuh-

Gaffel-Haus
Innenstadt,
Alter Markt 20-22,
50667 Köln,
Tel. 2577692
www.gaffel-haus.de

Gasthaus Fühlingen
Fühlingen,
Neußer Landstraße 98
50768 Köln,
Tel. 7087056
www.gasthaus-fuehlingen.de

Gaststätte Burger
Rath,
Eilerstr. 145,
51107 Köln,
Tel. 866904

Gilden Brauhaus
Mülheim,
Clevischer Ring 121,
51063 Köln,
Tel. 6406339
www.gilden-brauhaus.de

Goldener Pflug
Merheim,
Olpener Str. 421,
51105 Köln,
Tel. 3105631
www.brauhaus-goldener-pflug.de

Haus Brecher
Lindenthal,
Dürener Str. 152,
50931 Köln
Tel. 9907688
www.hausbrecher.de

Haus Cornely
Kalk,
Kalker Hauptsstr. 143,
51103 Köln,
Tel. 850226
www.haus-cornely.de

Haus Moritz
Lindenthal,
Dürener Str. 143,
50931 Köln,
Tel. 409364

lung gestaltete Gastraum. Eine gelungene Mischung aus großer Kneipe und modernem Brauhaus. Man sitzt gut, hört dem Nachbarn beim Telefonieren zu, erfreut sich an den kölschen Tönen der Lück us em Veedel. Der Wirt verabschiedet die Stammgäste mit Handschlag. Das Gilden Brauhaus ist in Mülheim angekommen.

Goldener Pflug (31 Punkte)
Kölsche Bierhaus-Wohlfühl-Atmosphäre: gut aufgeteilte Räumlichkeiten, blank gescheuerte Tische, dunkle Wandtäfelung, schnelle und freundliche Bedienung. Jeder findet hier seinen Platz. Aber in ein echtes Brauhaus gehört ein Pittermännchen und keine Barhocker!

Haus Brecher (36 Punkte)
Schon die alte Haustür, die zum kleinen Treffbereich mit Barhockern und Theke führt, signalisiert Gastlichkeit. Dieser Eindruck wird durch den Restaurantteil unterstrichen: angenehm schlicht, klar, modern, mit Brauhauszitaten. Wechselnde Bilderausstellungen und eine super Speisekarte tun ihr Übriges. Hier bin ich Gast; hier darf ich sein.

Haus Cornely (33 Punkte)
»Hopfen und Malz – Gott erhalt's«, so kann man es in großen Lettern lesen. Und dass hier ein gepflegtes Kölsch gezapft wird, ist somit klar. Das weiß man in Kalk, denn vor dem Tresen knubbelt es sich. Vor der Türe an den Tischen wird in 0,2-Liter-Gläsern serviert!

Haus Moritz (35 Punkte)
Hier tritt man ein und fühlt sich wie in der »guten Stube«: etwas plüschig, gemütlich, immer wohldekoriert. Orden unter Glastischplatte auf

blauem Stoff, aber auch Figuren aus dem Hänneschen-Theater zeigen deutlich die Liebe zu Köln und seiner Tradition.

Haus Müller (36 Punkte)

Die Decke ist mit plüschig dunkelrotem Stoff abgehangen. Wirklich angenehm leise Musik füllt den Raum. Gutes Essen und freundliches Personal runden das positive Bild ab. Draußen: kuschelig auch bei niedrigen Temperaturen; für die Gäste liegt auf jedem Stuhl eine rote Decke aus.

Haus Scholzen (40 Punkte)

Am Tresen kann je nach Gusto Weinschorle getrunken, eine Ahrweinprobe absolviert und ein frisches Kölsch gesüffelt werden. Leben und leben lassen! Gemütlichkeit ist das Stichwort. Hier fühlt man sich direkt zurückversetzt in die gutbürgerliche alte Zeit. So ist die Bedienung im Restaurantabteil stilvoll in Schwarz-Weiß gekleidet, und als Gast fühlt man sich wie ein König. Irgendwie scheint hier die Welt noch heil zu sein.

Haus Töller (39 Punkte)

He es et esu wie et fröher wor. Man fühlt sich zurückversetzt in die gute alte Zeit: Niedrige Decke, altes Thekenschaaf, alles ein bisschen dunkel und verraucht: jemötlich. Ankommen und wohlfühlen! Mehr wollen wir hier nicht schreiben. Wir trinken genüsslich unser Kölsch und hängen unseren Gedanken nach.

Haus Unkelbach (38 Punkte)

Das Brauhaus in Sülz. Urkölsch im Veedel. Was wollen Herz und Gaumen mehr! Gut mit der KVB zu erreichen, kann hier jeder Kölner einkehren und zu deftigen heimischen Gerichten das eine oder andere gepflegte Kölsch trinken. Ein Besuch lohnt sich immer, denn im Sommer gibt es auch einen Biergarten.

Hellers Brauhaus (31 Punkte)

Eine unabhängige Kölsch-Brauerei; ein fruchtiges, sehr angenehmes Kölsch! Viel Platz und doch knüselig kölsch. Wintergarten mit Blumenampeln und viel Oberlicht, das hat was. Das freundliche Personal wuselt sich durch die Tischreihen. Hier sitzt man zusammen. Der Altersdurchschnitt der Gäste ist erfrischend

Haus Müller
Südstadt Achterstr. 2,
50678 Köln,
Tel. 9321086

Haus Scholzen
Ehrenfeld,
Venloer Str. 236,
50823 Köln,
Tel. 515919

Haus Töller
Innenstadt,
Weyerstr. 96,
50676 Köln,
Tel. 2589316
www.haus-toeller.de

Haus Unkelbach
Sülz,
Luxemburger Str. 260,
50939 Köln,
Tel. 414184
www.hausunkelbach.de

Hellers Brauhaus
Innenstadt,
Roonstr 33,50674
Köln,
Tel. 2401881
www.hellers-
brauhaus.de

Hemmer
Ehrenfeld,
Subbelrather Str. 154,
50823 Köln,
Tel. 521999
www.hemmer-koeln.de

Höhn's
Bayenthal,
Goltsteinstraße 83,
50968 Köln,
Tel. 3481293

Hüchelner Brauhaus
Frechen,
Aegidiusstraße 56,
50226 Frechen,
Tel. 02234-501
www.urstoff-schaenke.de

Kleine Glocke
Innenstadt,
Glockengasse 58,
50667 Köln,
Tel. 2576367

Mainzer Hof
Südstadt,
Maternusstraße 18,
50678 Köln,
Tel. 312549

niedrig: eine junge Brauhaus-Generation. Sehr empfehlenswert.

Hemmer (35 Punkte)
Das Hemmer wirkt großzügig und doch überschaubar: Bar, Kneipe, Restaurant gehen in einander über. Jedem das Seine. Sehr angenehm! In ruhigen Zeiten kann man hier sein Buch lesen; aber wehe wenn sie losgelassen, dann geht es hier ab. Direkt neben dem Eingang: Internet für lau.

Höhn's (40 Punkte)
Feines Essen, feines Kölsch: die hohe Art der Kölsch-Kultur. Muss man für das Restaurant seinen Tisch reservieren, kann man das frische Kölsch auch ohne Anmeldung am Tresen oder einem der Stehtische genießen. Man kommt also am besten immer etwas früher oder mal eben auf ein Kölsch.

Hüchelner Brauhaus (38 Punkte)
Ein heißer Tipp außerhalb von Köln: Landgasthaus mit angeschlossener Brauerei! Biergarten, kleiner Stehbereich an Theke, verschiedene urige Räume zum gemütlichen Sitzen, Quatschen und Essen. Auf Nachfrage gibt es Stecken- oder Bartmanns-Kölsch auch in 0,2 Liter-Gläsern!

Kleine Glocke (38 Punkte)
Klein und fein. An den Wänden viele Bilder und Fotos von Persönlichkeiten, frühere Stammkneipe der WDRler. Jot süffele, jot müffele. Man kommt direkt ins Gespräch. He jit et keine »Bichtstohl«, dofür ävver ene »Holzsessel-Kackstohl«. Eine Rarität!

Mainzer Hof (38 Punkte)
Nach einer kurzen Pause hat das alte Team das

sympathische Kneipenrestaurant übernommen, das bewährte Konzept »kühle Getränke und gute Gerichte« bleibt somit erhalten. Das bunt gemischte Publikum fühlt sich sichtlich wohl. Wir uns auch.

Malzmühle (38 Punkte)
Wanderer, kommst Du in deine Heimat, verkündige dorten, du habest Mühlen-Kölsch getrunken, dort wo es der Kölner am liebsten trinkt. Denn: Wer in Köln war und nicht in der Brauerei Zur Malzmühle eines der besten Kölsch probiert hat, der war nicht in Köln.

Mathildenhof (37 Punkte)
Erster Eindruck: jung und hell und Kölsch, gemischtes Publikum. Eine super Adresse in Deutz für den, der nicht in der Altstadt untergehen will. He jit et och de kölsche Fooderkaat un e frisch Gaffel-Kölsch dobei.

Max Stark (41 Punkte)
Boah, was ist das in!!! Unter Kahlenhausen 47: kahle chamoisfarbene Wände, viele schwarz angezogene Menschen; sehen und gesehen werden. Wohltuender Kontrast ist die freundlich sich durch das Gedränge schiebende Bedienung, die kranzweise das bestens gezapfte Kölsch ranschafft. Wer Glück hat, kann das rege Treiben von der kleinen »Waldorf und Stadler-Empore« aus betrachten – und mit den entsprechenden Kommentaren belegen.

Päffgen (40 Punkte)
Eine Institution! Eine der ersten Kölsch-Adressen. Ein echtes Brauhaus! Hier erlebt man Köln und die kölsche Mentalität auf einzigartige Weise! Mehr soll und muss nicht geschrieben werden, denn das Erleben gilt.

Peters Brauhaus (36 Punkte)
Auch wenn dieses Brauhaus auf historischem Grund erst seit Ende 1994 existiert, ist es voll etabliert. Besser konnte es nicht kommen, Glückwunsch! Auch wenn die langen Stehtische im Schalander nicht gerade in ein Brauhaus gehören, würde ich sie mir doch sofort ins Wohnzimmer stellen. Also, wenn mal einer fehlt … Kölsch-Kultur-Pluspunkte: hier kann Kölsch im Siphon gekauft werden.

Malzmühle
Innenstadt,
Heumarkt 6,
50667 Köln,
Tel. 210117
www.malzmuehle.de

Mathildenhof
Deutz,
Mathildenstr. 42-44,
50679 Köln,
Tel. 812680

Max Stark
Nordstadt,
Unter Kahlenhausen 47,
50668 Köln,
Tel. 2006533
www.max-stark.de

Päffgen
Innenstadt,
Friesenstr. 64-66,
50670 Köln
Tel. 135461
www.paeffgen-koelsch.de

Peters Brauhaus
Innenstadt,
Mühlengasse 1,
50667 Köln,
Tel. 2573950
www.peters-brauhaus.de

Petersberger Hof
Klettenberg,
Petersbergerstraße 41,
50939 Köln,
Tel. 443600
www.petersberger-hof.de

Puffelskooche
Dünnwald,
Berliner Str. 876,
51068 Köln,
Tel. 604414
www.puffelskooche.de

Quetsch
Rodenkirchen,
Hauptstr. 7,
50996 Köln,
Tel. 392376
www.brauhaus-quetsch.de

Rather Hof
Rath,
Rösrather Str. 676,
51107 Köln,
Tel. 864547
www.ratherhof.de

Schmieder's Gasthaus
Dellbrück,
Gemarkenstr. 139,
51069 Köln,
Tel. 6801663
www.schmieders.de

Petersberger Hof (37 Punkte)
Klettenberg ohne den Petersberger Hof, das ist nicht auszudenken. Gerade im Sommer, in lauschiger Nacht, ist der Biergarten äußerst beliebt und Plätze heiß begehrt. In der dunklen Zeit – aber nicht nur dann – kann man im Gastraum gepflegtes Kölsch mit prima Speisen kombinieren. Einfach – und – gut!

Puffelskooche (38 Punkte)
Eine hübsche Kneipe im nordöstlichsten Stadtteil von Köln, kurz vor Leverkusen. Hier kennt jeder jeden, hier sitzt man zusammen, et weed Kölsch jeschwad. Selbst das Damenkränzchen braucht seine Zeit, bis es sich von diesem Ort trennt. Auch wir wären gern noch geblieben!

Quetsch (38 Punkte)
Die Quetsch befindet sich über dem Durchgang zum großen Restaurant und Terrassenbereich mit dem wunderschönen Rheinblick. Der Weg dorthin wird durch Zäunchen gewiesen. Schaut man sich die Gäste im Kneipenbereich an, so hat man das Gefühl, dass der Rodenkirchener sich hier gerne trifft – auf ein leckeres Kölsch oder eine leckere Kleinigkeit aus der Speisekarte. Deplatziert wirkt der Fernseher, aber der muss wohl heutzutage sein.

Rather Hof (36 Punkte)
Bei grauem Wetter unter blauem Glitzerhimmel oder leuchtenden Plastikenten sein Kölsch trinken. Dazu gute Musik – ob live oder aus der Konserve –, nette Leute treffen und sich amüsieren, da vergeht der Blues. Im Sommer: großer Biergarten.

Schmieder's Gasthaus (34 Punkte)
Mit der Straßenbahn trockenen Fußes ins Gast-

haus und dann direkt ins Museum, das ist famos (Linien 3 und 18, Endhaltestelle). Ein Gasthaus im besten Sinne des Wortes erwartet den Besucher: Kölsch und leckere Gerichte. Und das Auge hat genug »alten Kram« zu beschauen: von der NSU Quickly über Kaffeegeschirr bis zum Trömmelchen.

Schmitze Lang (40 Punkte)

Fastelovendsorden hängen an der Deck, Kölsche Tön sin ze hüre, Lück us em Veedel kummen eren op e lecker Kölsch, klaafe un fiere. He triff sich de Nohberschaff us em Vringsveedel. Flöns, Halve Hahn un e Frikadellche kritt mer an der Thek. För ze schnabbeleere kan mer sich och an der Desch setze, em Patär ov en der etzte Etag. Mer woren do!

Schreckenskammer (41 Punkte)

Brauhaus oder nicht Brauhaus, das ist hier die Frage. Die alte Tradition fortsetzend, als die Schreckenskammer in der Johannisstraße ein wirkliches Brauhaus war, sitzt der Gast an blank gescheuerten Tischen und wird von den freundlichen (tatsächlich!) Köbessen bedient. Auf dem Boden knarzt der weiße Sand unter den Füßen, und das Kölsch fließt süffig durch die Kehle. Die Schreckenskammer darf man als Geheimtipp bezeichnen; auf die Öffnungszeiten ist zu achten. Wenn die Haus-Fahne draußen hängt, ist geöffnet!

Severin (37 Punkte)

»Durst wird durch Bier erst schön«, diese Weisheit, die in großen Lettern an der Wand prangt, trifft voll zu, wenn es sich um Kölsch handelt. Und wenn man sich vorstellt, die Pittermännchen in den Wandnischen würden wirklich Kölsch spenden, dann käme man sich vor wie im kölschen Schlaraffenland. »Bier ist etwas Gutes« – an warmen Tagen kann man es draußen sitzend mit direktem Blick auf St. Severin genießen.

Sion Brauhaus (34 Punkte)

Das klassische Brauhaus in der Altstadt, immer was los und den ganzen Tag für ein Kölsch gut. Direkt am Eingang genossen, ist es besonders frisch. Manchmal könnte es noch frischer sein,

Schmitze Lang
Südstadt,
Severinstr. 62,
50678 Köln,
Tel. 3318412

Schreckenskammer
Nordstadt,
Ursulagartenstraße
11-15,
50668 Köln,
Tel. 132581
www.schreckens-kammer-koeln.de

Severin
Südstadt,
Severinstr. 28,
50678 Köln,
Tel. 6060288
www.gaststaette-severin.de

Sion Brauhaus
Innenstadt,
Unter Taschenmacher
5-7,
50667 Köln,
Tel. 2578540
www.brauhaus-sion.de

aber der Fasswechsel vollzieht sich rasch. Und zu warten braucht man wahrlich nicht lange.

Stüsser (39 Punkte)

Eine Institution im Agnes-Viertel. Seit 1920 im Besitz der Familie Peter Stüsser, die auch den berühmten »Stüssers Kräuter« kreiert hat. Alte Dokumente verweisen auf die Historie des Hauses. An den Wänden hängen Bilder kölscher Künstler. Ein einsitziges Thekeschaaf trennt den Schankraum vom Sitzbereich. Immer jet loss he!

Sünner im Walfisch (40 Punkte)

Ein Kleinod in der Altstadt. Die Dependence der Sünner-Brauerei hebt sich wohltuend ab vom Altstadteinerlei. Ein wunderschönes Ambiente lädt zum Essen und Trinken ein. Besonders nett, zwei kleinere Räume: oben neben der Empore ein feiner Raum für kleinere Gruppen; unten ein gastlicher Raum, in dem man sein Kölsch im Stehen oder auf einer Wandbank sitzend genießen kann.

Weinhaus Vogel (39 Punkte)

Meine Freundin Cille sagte mir zur 1. Auflage dieses Buches, ich solle nicht viel über das Vögelchen schreiben, sonst würde auf einmal jeder hier hinkommen wollen. Und das ist jetzt doch tatsächlich passiert! Das Weinhaus auf traditionsreichem Braugrund, wo früher auch Schnaps und Weinbrand hergestellt wurden, ist einfach schräg schön und hat seine Fans. »Hier versagt jeder Purismus«, und das ist nun mal echt kölsch.

Weiss-Bräu (39 Punkte)

Schau an, ein bayerisches Brauhaus in Köln! Wollen die Bayern von uns lernen – oder ihre Bierkultur hier etablieren? Groß und verwinkelt bietet es jedem einen Platz, der ein leckeres Kölsch mit Weißwurst und süßem Mostert vertilgen möchte. Und: Dieses Haus ist eine echte Hausbrauerei! Hinter Glas kann man den Prozess des Brauens verfolgen. Was will man mehr, um glücklich zu sein!

Weißer Holunder (40 Punkte)

Wo sich James Dean mit Marilyn und Elvis trifft, kann man sein Kölsch am Nierentischchen trinken. Aus der Rock-Ola-Jukebox erklingt der »Weiße Holunder« von Gitta Lind. Fünfziger

Stüsser
Agnes-Viertel,
Neußer Str. 47,
50670 Köln,
Tel. 727253
www.stuessers-brauhaus.de

Sünner im Walfisch
Innenstadt,
Salzgasse 13,
50667 Köln,
Tel. 2577879
www.walfisch.net

Weinhaus Vogel
Nordstadt,
Eigelstein 74,
50668 Köln,
Tel. 1399134

Weiss-Bräu
Innenstadt,
Am Weidenbach 24,
50676 Köln,
Tel. 231823
www.weissbraeu.com

Weißer Holunder
Belgisches Viertel,
Gladbacher Str. 48,
50672 Köln,
Tel. 513475
www.weisser-holunder.de

Jahre vom Feinsten. Hier fühlten wir uns mit Digitalschieblehre und geeichtem Thermometer zum Testen fehl am Platz, aber umso wohler. Und das Gasolin-Männchen an der Wand empfiehlt: »Nimm Dir Zeit und nicht das Leben.«

Zum Kornbrenner (39 Punkte)
Der Kornbrenner, ein Stück lebendiges Nippes. Hier hängt der Himmel nicht voller Geigen, sondern Blasinstrumente sind zu bewundern; die Quetsch liegt neben der Drei-Wege-Box. Der riesige dunkelgrüne Kachelofen prägt den Schankraum; dunkelgrün wie Sünner-Kölsch, das hier auf beste Art gezapft und serviert wird. Und während Eltern frohen Herzens miteinander fachsimpeln, steht für den Nachwuchs Spielzeug bereit. Prädikat: familienfreundlich.

Zur Gräfenmühle (37 Punkte)
Die Gräfenmühle ist ein Restaurant. Deshalb gibt es nur einen kleinen Stehbereich, wo man nebenbei mal ein Kölsch trinkt. Aber das ist gar nicht schlimm, da ein gutes Kölsch eine gute Grundlage braucht oder für schmackhafte Speisen eine ideale Ergänzung darstellt.

Zur Linde (36 Punkte)
Etwas steif wirkt das Ambiente, hier ist es schon etwas ländlicher, eben Widdersdorf. Das frische Kölsch fließt munter durch die Kehle, bei warmem Wetter ein Hochgenuss! Und schon ist man im Gespräch. Hier gibt es auch Kölsch im Stößchen! Biergarten vorhanden. Ein Tipp für eine fröhliche Landpartie.

Zum Kornbrenner
Nippes,
Neußer Str.171,
50733 Köln,
Tel. 735451

Zur Gräfenmühle
Dellbrück,
Dellbrücker
Mauspfad 331,
51069 Köln,
Tel. 6806854

Zur Linde
Widdersdorf,
Hauptstraße 65,
50859 Köln,
Tel. 505047

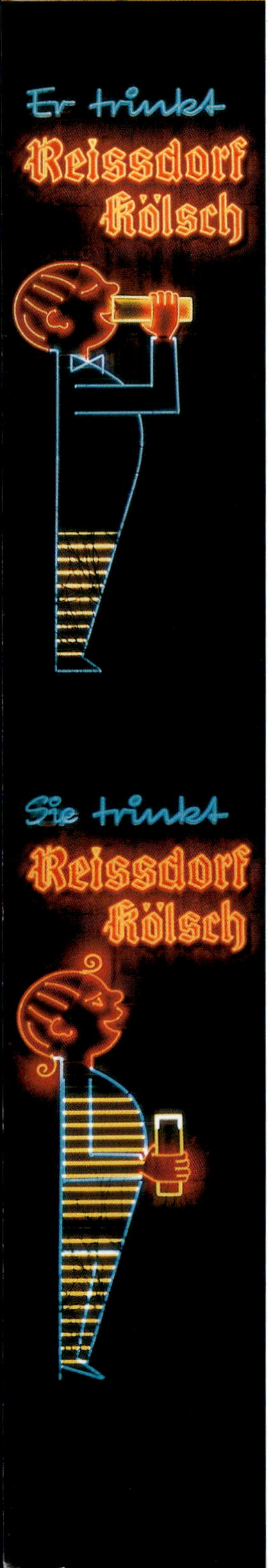

Kölsch-Durchlauftest

ODER: WIE SCHNELL IST KÖLSCH?

Wir wollten es wissen: Wie lange bleibt Kölsch im Körper – und welches Kölsch ist schneller? Ob es darauf eine Antwort gibt?

Unter den gestrengen Augen eines niedergelassenen Urologen traf sich eine handverlesene Gruppe von Testpersonen im Mathilden-Sälchen der Gaststätte Stüsser an der Neusser Straße. Der Test wurde unter genau bestimmten Kriterien durchgeführt. Die Versuchsanordnung war klar vorgegeben. Auf dem Tresen standen gut verdeckt drei Pittermännchen (Küppers-, Mühlen- und Sion-Kölsch), optimal gekühlt, etwa gleiches Herstellungsdatum. Je Fässchen stand ein Kranz mit sauberen Gläsern (0,2 Liter/16 cm Höhe) bereit. So waren Verwechslungen während des Testes ausgeschlossen. Zwanzig Frauen und Männer im Alter von 18 bis 72 Jahren wurden in drei Gruppen aufgeteilt. Jeder konnte angeben, ob sie oder er zwei, vier oder sechs Kölsch trinken will. Das Alter war je Gruppe gemischt. Zwei Stunden vor dem Test durfte keiner etwas getrunken haben. Vor dem ersten Kölsch sollte jeder noch einmal die Toilette aufgesucht haben.

Die Stimmung stieg, als die Pittermännchen angeschlagen wurden und das erste Kölsch in die Gläser strömte! Das war eine Freude! Aber: Maat höösch! Das Kölsch durfte nicht in sich hineingeschüttet werden, quasi nach dem Motto »Je schneller, desto Kölsch«. Nach den ersten beiden Kölsch war für die erste Gruppe Schluss mit Trinken. Das fiel sichtlich schwer. Einige versuchten, sich auf vier Kölsch umzuschreiben. Wir blieben hart!

Der Test nahm seinen Lauf, die Stimmung stieg. 46 Minuten nach Testbeginn war es soweit: Liesel H. (vier Kölsch) war die erste, die

zum Klo ging. Das Kölsch war wieder da! Und nach der ersten Stunde ging es dann Schlag auf Schlag. Außer bei Fritz B.: Er brauchte zwei Stunden und sechs Minuten bei sechs Kölsch.

Zusammenfassung: Kölsch spült die Nieren, bei dem einen früher, bei dem anderen braucht's länger. Einen Geschwindigkeitsunterschied zwischen den Marken können wir nicht feststellen. Auf die Psyche hatte der Test eine sehr positive Wirkung: Denn alle hatten viel Spaß an der Freud' und dem leckeren Kölsch.

Blindversuch: Who ist who?
Sechs Kölsch-Marken wurden der Gruppe benannt. Jeder soll bestimmen, welche Marke er getrunken hat: Ergebnis: Es gibt eine große Streuung. Es wurden Marken genannt, die nicht dabei waren. Was jedoch wichtig ist: Jedem hat sein Kölsch geschmeckt!

Die Fässer werden umgestellt. Die drei Marken sind bekannt. Ergebnis: Mühlen-Kölsch wird gut erkannt. Jüngere Testpersonen erkennen die Marken besser als ältere.

Welches Kölsch zu welcher Speise?
Wir empfehlen, nach Befragung der Gruppe:
Martinsgans mit Rotkraut und Klößen:
Mühlen und Reissdorf
Rievkooche mit Tatar: Küppers, Dom, Päffgen
Forelle blau: Sion, Früh
Halver Hahn: Peters, Zunft, Gilden

LITERATURVERZEICHNIS

Ein Literaturverzeichnis ist für jeden, der sich mit einem bestimmten Thema beschäftigen möchte, wichtig. Aus diesem Grunde sind an dieser Stelle für den Kölsch-Fan wichtige Buchtitel genannt. Viel Spaß beim Lesen.

Kölner Biergeschichte:

Becker, Hermann: Köln vor 60 Jahren – Altkölnische Wirtshäuser. Köln 1922

Fischer, Gerd, u.a.: Bierbrauen im Rheinland. Köln 1985

Haubrich, Heiner: Das Braugewerbe in Köln im 19. Jahrhundert, ungedr. Dipl.-Arbeit. Köln SS 1968

Klersch, Joseph: Köln und sein Bier 1396–1946. 1946

Loesch, Heinrich von: Die Kölner Zunfturkunden nebst anderen Kölner Gewerbeurkunden bis zum 15. Jahrhundert, 2 Bd. (Publ. XXII.) Bonn 1907

Macherey, Lambert: Kölner Kneipen im Wandel der Zeit (1846 bis 1921). Köln 1922

Mathar, Franz/Rudolf Spiegel: Kölsche Bier- und Brauhäuser. Köln 1989

Mathar, Franz: Köbes, noch e Kölsch! Köln 1996

Mathar, Franz: Prosit Colonia. Köln 1999

Mathar, Franz, KH Schrörs: Kölsch Story. Köln 2003

Scheben, Wilhelm: Das Zunfthaus und die Zunft der Brauer in Köln. Köln 1880 (1875)

Scheben, Wilhelm: Die Zunft der Brauer in Köln in ihrem inneren Wesen und Wirken nebst den im Jahre 1603 erneuerten uralten Ordnungen und dem 1497 erneuerten Amtsbriefe. Köln 1880

Scheben, Wilhelm: Bankrolle der ehemaligen Brauerzunft. Köln 1880

Scheben, Wilhelm: Die Brauerzunft und die Petri-Mailand-Bruderschaft zu Köln. Köln 1864

Sinz, Hans: 1000 Jahre Kölsch Bier. Köln 1972

Spelthahn, Josef: Das Kölner Wirtsgewerbe bis zum Ende der reichsstädttischen Zeit, ungedr. Diss. Köln 1923

Trinius, H.: Entwicklung der Kölner Brauindustrie. 1922

Vogts, Hans: Das Brauerzunfthaus in der Schildergasse. In: Jahrbuch des Kölner Geschichtsvereins 10, 1928, S. 136–137

Vogts, Hans: Das Kölner Wohnhaus bis zur Mitte des 19. Jahrhunderts, Band 1 und 2. Neuss 1966

Wirges, Helmut: Biergeschichte zwischen Rhein und Erft. Frechen 1994

Köln allgemein:

Dexel, Thomas: Gebrauchsglas. München/Berlin 1995
Eckert, Willehad Paul: Kölner Stadtführer, Köln entdecken, Bd. 6. Köln 1990
Greven's Adreßbuch Köln, Ausgaben von 1869 bis 1889
Kaufmann, Fred, u.a.: Kölner Straßennamen, Neustadt und Deutz. Köln 1996
Louis, Reinold: Kölner Liederschatz. Köln 1986
Louis, Reinold: Kölner Originale. Köln 1985
Siegburger Steinzeug, Bestandskatalog Band 1. Köln 1987
Signon, Helmut: Alle Straßen führen durch Köln. Köln 1975
Wrede, Adam: Neuer Kölnischer Sprachschatz. Köln 1978
Zwei Jahrtausende Kölner Wirtschaft, Bd. 1 und 2. Köln 1975

Biergeschichte allgemein:

Das deutsche Bier, HB-Atlas-spezial. Hamburg 1984
Deutsche Bierspezialitäten, Der große DLG-Bierführer. Frankfurt am Main 1993
Dietrich, Gerhard (Hg.): Litfass-Bier, Hannover 1998
Friedrich, M.: Brauereiverzeichnis Bundesrepublik Deutschland, Bd. I-V, Fördergemeinschaft von Brauerei-Werbemittel-Sammlern e.V. 1988
Heyse, Karl-Ulrich (Hg.): Handbuch der Brauerei-Praxis. Nürnberg 1983
Jackson, Michael: Das große Buch vom Bier. Bern/Stuttgart 1977
Jackson, Michael: Bier – Über 1000 Marken aus aller Welt. Bern/Stuttgart 1991
Jung, Hermann: Bier, Kunst und Brauchtum. Dortmund, o.J. (1966)
Kunze, Wolfgang: Technologie Brauer und Mälzer. Leipzig 1989
Landschaftsverband Rheinland; Langensiepen, Fritz (Hg.): Bierkultur an Rhein und Maas
Linde, C.: Meine Kältemaschine in der Brauerei. 1912
Lohberg, Rolf: Das große Lexikon vom Bier. Ostfildern, o.J.
Maronde, Curt: Rund um das Bier. Frankfurt 1975
Paturi, Felix R.: Die Geschichte vom Glas. Aarau 1986
Quarks & Co.: Die Wissenschaft vom Bier. Script zur WDR-Sendereihe. Köln, o.J.
Stepp, W.: Bier, wie es der Arzt sieht. 1954
Welt Report Bier. Hamburg und Bonn 1991–1996
Zeugen Kölner Brau-Tradition 1396–1996. Ausstellungskatalog. Köln 1996

Fotonachweis:
AKG: S. 73
Marianne Bongartz: S. 9, 67, 89, 94/95, 125, 149, 188
Deutscher Brauerbund: S. 12, 13, 15, 25, 31, 36/37, 50, 52/53, 55, 81
Giesler-Brauerei: S. 16, 17
Stephanie Henseler: S. 19, 20, 146/147, 160
Keramik-Museum, Frechen: S. 34
Kölner Brauerei-Verband: S. 10, 27, 33, 60/61
Lutz Matheis: 39, 178, 179, 180, 182, 184, 187
Peter Racokzy: S. 68, 69, 174
Norbert Ramme: S. 189
Martin Seck: S. 74, 78, 121
Alle anderen Vorlagen stammen von den Brauereien, aus dem Archiv der Autoren oder des DuMont Buchverlages.

Das Letzte …
… wäre Kölsch in Pet-Flaschen. »Das ist nicht geplant«, so der Kölner Brauerei Verband. Also: Wehret den Anfängen!

Das Allerletzte …
… wäre Kölsch aus genmanipulierten Rohstoffen. Dazu haben sich die Deutschen Brauer im August 2004 geäußert: »Die im Markt verfügbaren natürlichen, unveränderten Rohstoffe bieten den deutschen Brauern alle Möglichkeiten, die Wünsche ihrer Kunden nach Produktinnovationen und Produktanpassungen zu erfüllen. Die Deutschen Brauer sehen keine Notwendigkeit des Einsatzes gentechnisch veränderter Rohstoffe …
Natürlich kann heute nicht mit absoluter Sicherheit ausgeschlossen werden, dass irgendwann eine deutsche Brauerei für sich den Entschluss fasst, ein Bier aus gentechnisch veränderten Rohstoffen auf den Markt zu bringen. Aber auch hier gilt: Erstens wäre dies für den Konsumenten eindeutig auf dem Etikett zu erkennen – und zweitens würde der Konsument durch sein Kaufverhalten über die Zukunft des Produktes bestimmen …«